NCJ 이수진 대표의

트렌드 네일 따라잡기

NCJ 이수진 대표의
트렌드 네일 따라잡기

초판 1쇄 인쇄 2016년 6월 27일
초판 1쇄 발행 2016년 7월 1일

지은이 이수진

편집 아름다운 책들
사진 라라라 스튜디오

펴낸이 김유경
펴낸곳 고슴도치

출판등록 1999년 9월 14일 제10-1776호
주소 경기도 파주시 책향기로 319, 109-305
전화번호 070-4063-9358(편집) 070-4063-9357(마케팅) | 팩스 031-601-8132

Copyright © 2016 고슴도치
이 책은 저작권법에 따라 보호받는 저작물이므로 무단전재와 무단복제를 금지하며,
이 책 내용의 전부 또는 일부를 이용하려면 반드시 지은이와 고슴도치의 서면 동의를 받아야 합니다.

이 도서의 국립중앙도서관 출판시도서목록(CIP)은 e-CIP홈페이지(http://www.nl.go.kr/ecip)와
국가자료공동목록시스템(http://www.nl.go.kr/kolisnet)에서 이용하실 수 있습니다.

ISBN 978-89-89315-42-1

값 23,000원

*잘못 만들어진 책은 구입하신 서점에서 바꿔드립니다.

NCJ 이수진 대표의

트렌드 네일 따라잡기

200+ Trendy Gel Nail Designs

고슴도치

이수진

현재

네일 전문 브랜드 'NCJ (엔씨제이)' 대표 / (주)까사벨르 부사장 / 한국네일살롱협회 이사 / 한국네일협회 지부장
네일폭스케어 네일아카데미 원장 / 네일폭스케어 본점 및 직영 살롱 원장 / 전국살롱 SNS 모임 '네일리더클럽' 운영
네일 국가자격증 감독위원 / 네일 국제 심사위원 / 한국네일협회 심사위원 역임 / 한국네일협회 운영위원 역임
한국네일협회 대회조직위원 역임 / 동서울대학 네일자격 심사위원 / 강릉대학교 네일자격 심사위원 / 강동대학교 네일자격 심사위원
사단법인 한국탤런트협회 정회원 / 사단법인 한국모델협회 정회원

건국대학교 피부미용과 네일아트 출강 / 서경대 미용예술학과 '디자인 스컬프처' 특별 강의
강남구청 청소년센터 직업체험 네일아트 강의 / 최경희 프로네일 본원 전문 강의

경력

2016. 05	한국 'DAEGU BEAUTY EXPO' NCJ 참가
2016. 04	한국 'KONAIL EXPO' NCJ 참가 / 중국 미용가연합회 초청 박람회 NCJ 참가
2016. 03 ~	중국 'GUANGDONG INTERNATIONAL BEAUTY EXPO' NCJ 참가
2015. 10	한국 'SEOUL BEAUTY ARTIST CONTEST' NCJ 참가
2015. 08 ~	한국 'BUSAN INTERNATIONAL NAIL EXPO' NCJ 참가
2015. 04 ~	한국 'NAIL EXPO SEOUL' NCJ 참가
2014. 10 ~	한국 'SEOUL INTERNATIONAL EXPO' NCJ 참가
2014. 04	한국 'NAIL EXPO SEOUL' 최경희 프로네일 초청 네일 세미나
	이탈리아 'COSMOPROF BOLOGNA' 초청 네일 시연
2014. 03	중국 'GUANGDONG INTERNATIONAL BEAUTY EXPO' 초청 네일 시연
2014 ~	한국 NCJ 전국 세미나 진행
2014	전국네일리스트와 제품 테스트 후 네일 전문 브랜드 'NCJ' 론칭
2013. 11	홍콩 'COSMOPROF ASIA HONG KONG' 다섯TNT 초청 네일 시연

미디어

2016 ~	어플리케이션 'YOU CAM NAIL (유캠네일)' 론칭 / NCJ 트렌드 아트 칼럼 연재
2015. 11 ~	olleh tv (올레TV) 857번 네일 독점 채널 'NCJ' 론칭
2015. 09 ~	AFREECATV (아프리카TV) NCJ 방송 채널 론칭 및 월·수·목 주 3회 생방 진행
2015. 07 ~	네일 매거진 'NAILPIA (네일피아)' NCJ 네일 칼럼 연재
2015. 06 ~	'에이빙뉴스' 트렌드 네일 영상 칼럼 진행
2015. 05	온라인 신문 'GT저널' 트렌드 네일 독점 인터뷰
2015. 03 ~	여성지 'QUEEN (퀸)' 네일 칼럼 연재
2015. 02 ~	'BEAUTYNURY (뷰티누리)' 네일 칼럼 연재
	패션 매거진 '뷰티앤뉴스' 네일 칼럼 연재
	YOUTUBE '컨슈머타임즈' 네일 칼럼 연재
2015. 01 ~	네일 매거진 'NAILHOLIC (네일홀릭)' 스텝바이스텝 연재
2014. 11 ~	뷰티 매거진 'BEAUTY LIFE (뷰티라이프)' 네일 칼럼 연재
	YOUTUBE (유튜브) NCJ 채널 론칭 및 월·수·금 주 3회 네일 영상 업로드
2014. 10 ~	'뉴데일리' 네일 칼럼 연재
2013. 11	트렌드 네일아트 동영상 제작 및 진행
2013. 09	'마커스 마키 스와로브스키' 한국 첫방문 행사 네일 시연
2013. 04	네일살롱 매장 어플리케이션 개발 및 론칭
2013. 04 ~	인터넷 신문 '러브즈뷰티' '이수진의 트렌드 네일' 칼럼 연재
2013	드라마 '네일샵 파리스' 네일 자문
2012. 08	네일 매거진 'NAILHOLIC (네일홀릭)' 네일폭스케어 아트 연재
2012. 07	'비즈니스 앤 TV' 네일산업 독점 인터뷰
2012. 06	SBS '모닝와이드 생방송 투데이' 인터뷰
2001 ~	네일 매거진 'NAILPIA (네일피아)' 표지 및 화보 모델

수상

2008. 02	ODYSSEY 대회 프렌치 스컬프처 3위
2008. 06	BINAIL 대회 프렌치 스컬프처 수상
2008. 04	NAIL EXPO 팁 오버레이 수상
	NAIL EXPO 프렌치 스컬프처 수상
2008. 06	BINAIL 대회 젤 프렌치 스컬프처 수상
	BINAIL 대회 네일케어 수상 / BINAIL 대회 스톤 아트 수상
2007	미국 ART TIP CONTEST GOLD 1위
2007. 08	INC in TAIWAN 세계 대회 2위
2007. 06	AMERICAN NAILCUP in TOKYO 아시아컵 7위
2007. 07	BINAIL 대회 프렌치 스컬프처 3위 / BINAIL 대회 팁오버레이 특별상
2007. 05	NAIL EXPO 프렌치 스컬프처 3위 / NAIL EXPO 네일케어 특별상
2007. 04	NAIL FESTIVAL 디자인 실크 은상 / NAIL FESTIVAL M&M 아트 동상
	NAIL FESTIVAL 퍼니아트 동상
2006. 10	SINAIL 대회 네일케어 수상 / SINAIL대회 팁오버레이 수상
	SINAIL 대회 원톤 스컬프처 수상 / SINAIL 대회 실크 익스텐션 수상

그외

한국네일협회 홍보대사 및 네일 모델 경력 / 한국네일협회 작품집 2회 '손아귀전'
2002 네일 브랜드 KISS (키스) 전속 모델 / 2003 SINAIL 전국 대회 포스터 모델
2004 협회장 최경희 전속 작품 모델 'funny nail' 잡지 / (주)디젤 마스터 에듀케이터 역임
토이젤 헤드 에듀케이터 역임 / 바비 마스터 에듀케이터 역임
엔퓨오, 허니팝 그외 다수 브랜드 에듀케이터 역임

'네일'과 연을 맺고 그 길을 걸은 지 벌써 20년 가까이 훌쩍 흘렀고, 이제 또 다른 새로운 시작이 다가옴을 느낍니다.

1997년은 '네일아트'라는 단어가 생소했던 시대였고 저는 연예인의 삶을 꿈꾸며 모델과 탤런트로서 방송 활동을 하던 때였습니다. 당시 소속사의 최경희 원장님 협찬으로 처음 접한 '네일'은 저에게 마법과도 같은 매력으로 다가왔으며, 그 후로 네일은 저에게 제2의 인생을 열어주었습니다.

전세계에서 열리는 수많은 네일 대회들에 참여하며 수상도 하였고, 그 귀한 경험들과 기회들 덕에 2000년에는 드디어 네일숍 창업(네일폭스케어)을 이루었습니다. 네일리스트로서 다방면의 활동들을 이어나가 전국의 수많은 네일리스트들과 함께 할 수 있게 되었고 그것을 계기로 2012년에는 전국 숍주 모임 네일리더 클럽이 창립되었습니다.

그 다음부터는 기적과도 같은 일들이 빠르게 진행되었습니다. 현직 네일리스트 1,000여 명이 함께 품평 테스트를 거쳐 2014년에는 젤 네일 브랜드 NCJ가 론칭된 것입니다. 네일리스트들이 함께하는 브랜드 NCJ 라는 수식어에 걸맞게 많은 네일리스트들이 함께 연구하면서 매일매일 새로운 디자인들이 NCJ 채널을 통해서 제안될 수 있었으며, 더 나아가 더욱 많은 분들과 소통하며 함께하고자 NCJ는 다양한 채널, 유튜브 영상, 아프리카 TV, 카스 채널 및 그 외에도 다양한 SNS 활동과 KT 올레 TV의 857번 네일 독점채널, 스마트폰 어플인 유캠네일 등 다양한 방법들이 현재 진행형으로 발전하고 있습니다.

지금까지 NCJ 에듀케이터 분들이 매일매일 NCJ 특장점을 활용한 네일아트 디자인을 함께 하면서 축적해온 아트의 일부를 보다 더 많은 분들과 함께 하고픈 마음에서 그것들을 정리하여 책으로 발간하기에 이르렀습니다. 이 책이 네일을 배우는 학생이나 네일리스트 동료들에게 작은 도움이 되었으면 좋겠습니다. 또 우리나라 네일 산업의 발전에 작은 보탬이 되길 바랍니다.

한결같이 바라봐주시는 최경희 원장님, NCJ를 론칭할 수있게 자문해주신 멘토 커핀그루나루 김은희 대표님, 친구처럼 따뜻한 미소로 구박하시는 파셋 이윤숙 이사님과 텐투유 장준섭 대표님, 엔퓨오 오현정 원장님, 유석균 국장님, 네일산업을 함께 해주시는 강문태 회장님과 이상정 국장님, 네일리더 클럽 회원분들께도 깊은 감사의 마음을 전합니다. 또한 늘 버팀목이 돼주시는 김예진 이사님, 문소라 부원장, 저의 손발이 되어주는 김근아씨와 윤서경, 안나경, 김민지 원장님, 윤미정, NCJ 에듀케이터 분들 및 서포터즈 분들, 고슴도치 출판사 대표님과 편집국장님, 포토 실장님, 전국 NCJ 지사 대표님들께도 감사의 말씀을 전합니다. 이 책은 전국의 NCJ 네일리스트 가족 여러분이 있었기에 가능했다고 생각하며 진정으로 감사의 말씀을 드립니다.

NCJ 대표 **이 수 진**

목차

한국화를 그리는
작은 도화지

질감이 주는
매력에 빠지다

네일에
자연을 담다

BOOK in BOOK

T.P.O에 따른
네일아트 디자인 가이드

The K-Nail Way:
Drawing Korean Painting on a Tiny Canvas

한국화를 그리는 작은 도화지

#한국화

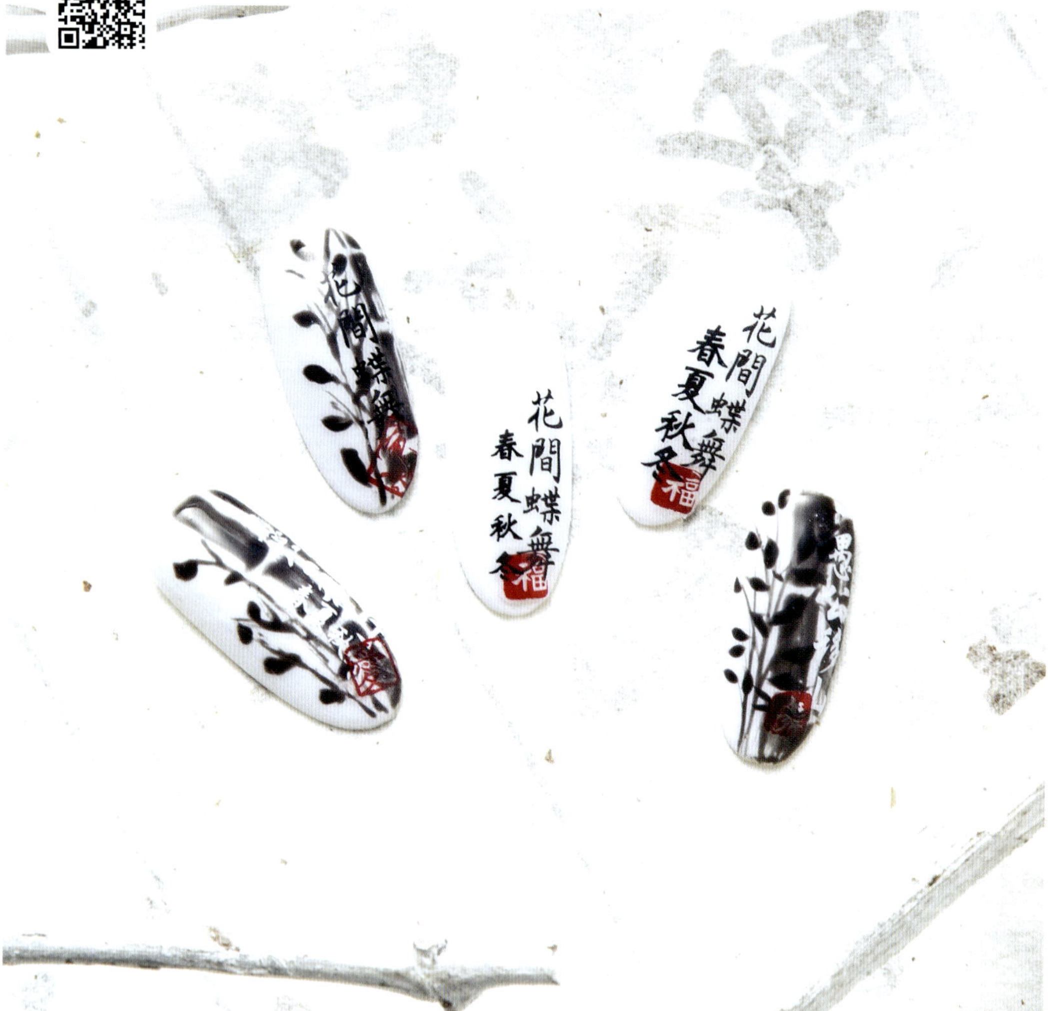

Black & White Bamboo Art

블랙&화이트 뱀부 아트

⊕ 핀셋

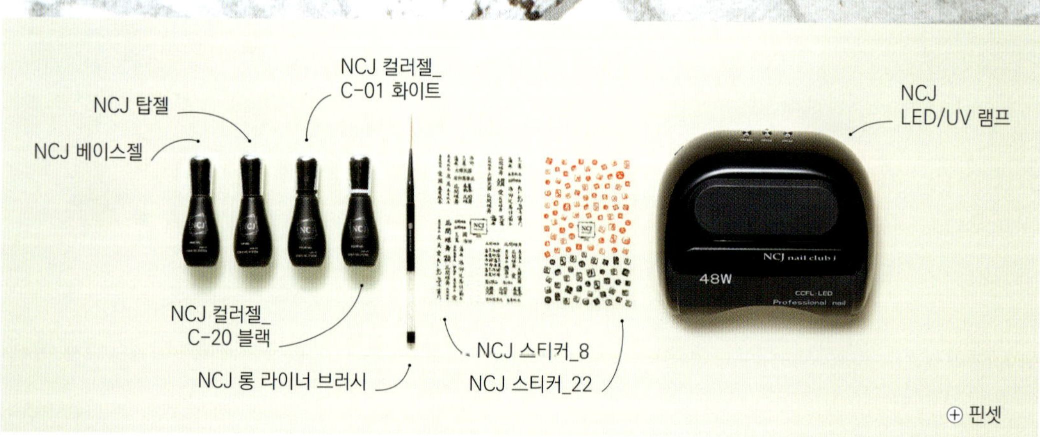

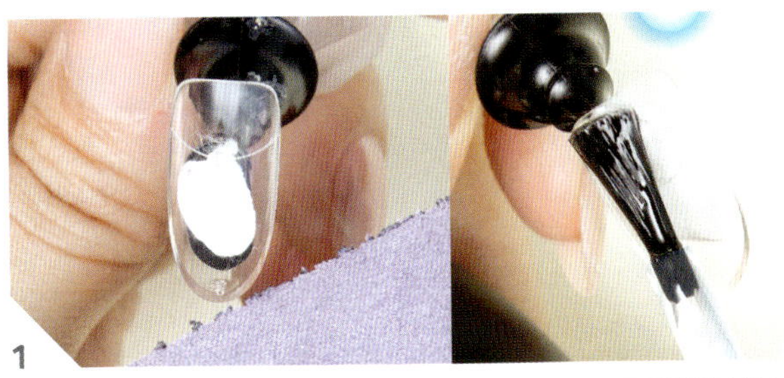

1

프리퍼레이션 후 베이스젤을 전체적으로 바르고 큐어해주세요.

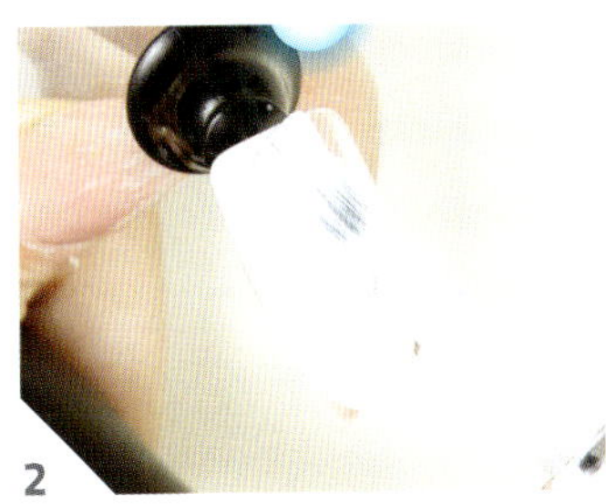

2

C-01 화이트를 전체적으로 바르고
큐어해주세요.

3

C-20 블랙으로 대나무를 디자인
해주세요.

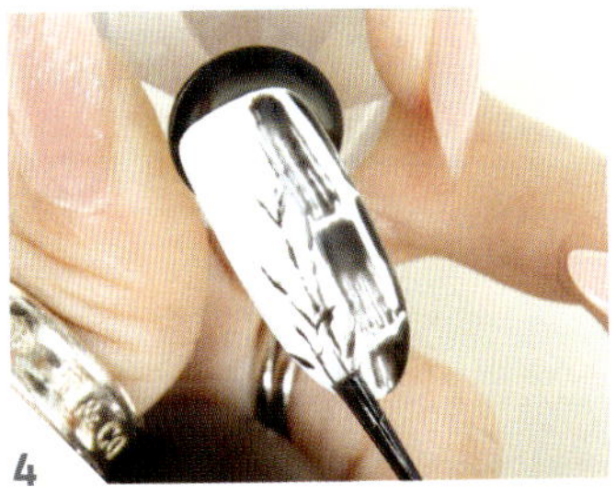

4

C-20 블랙으로 줄기와 잎을 그려
주세요.

5

롱 라이너 브러시로 정교한 라인을
그려주세요.

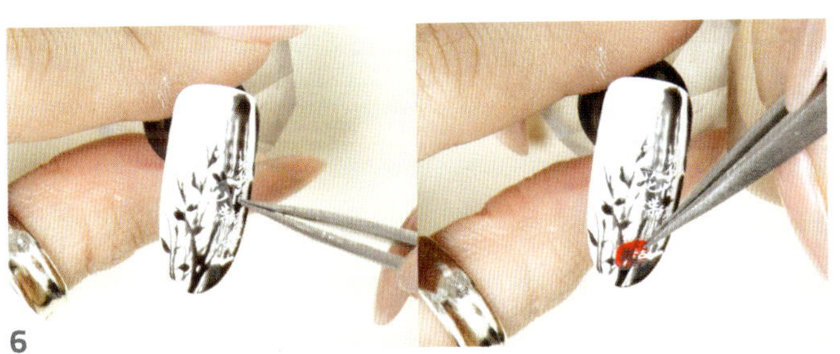

6

8번 스티커를 붙이고 그 밑에 22번 스티커를 붙여주세요.

7

탑젤을 바르고 큐어해주세요.

Multi-colored Flower Petal Art

멀티 페탈 플라워 아트

NCJ 베이스젤
NCJ 탑젤
NCJ 컬러젤_
C-01 화이트
NCJ 컬러젤_
C-25 레드
NCJ 컬러젤_
C-20 블랙
NCJ 컬러젤_
C-30 블루 그린
NCJ 컬러젤_
C-29 라이트
브라운
NCJ 컬러젤_
P-16 메탈릭 골드
NCJ 스티커_8
NCJ 스티커_22
NCJ
라운드 브러시
NCJ 롱 라이너
브러시
NCJ nail club i
48W
CCFL·LED
Professional nail
NCJ LED/UV 램프

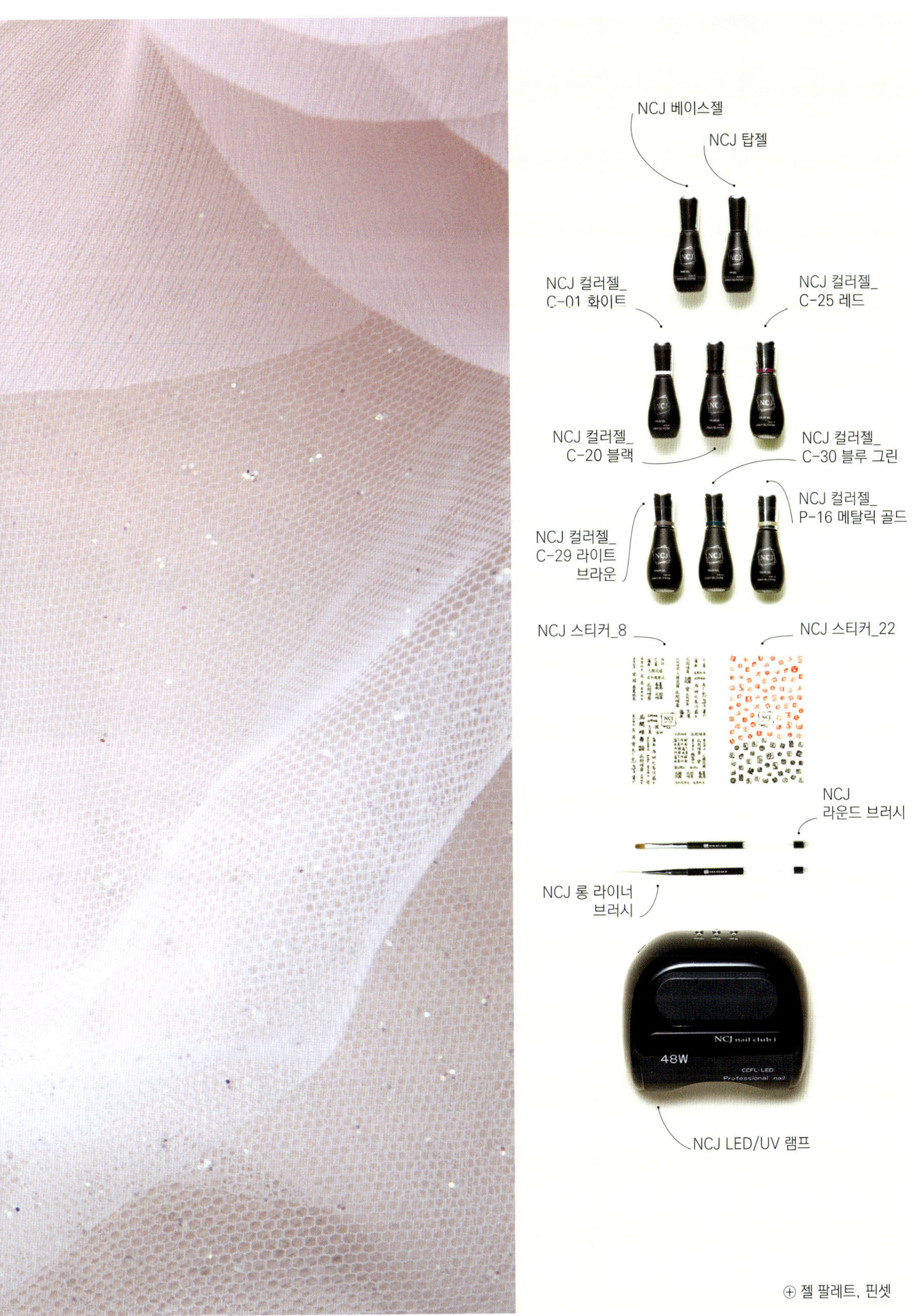

⊕ 젤 팔레트, 핀셋

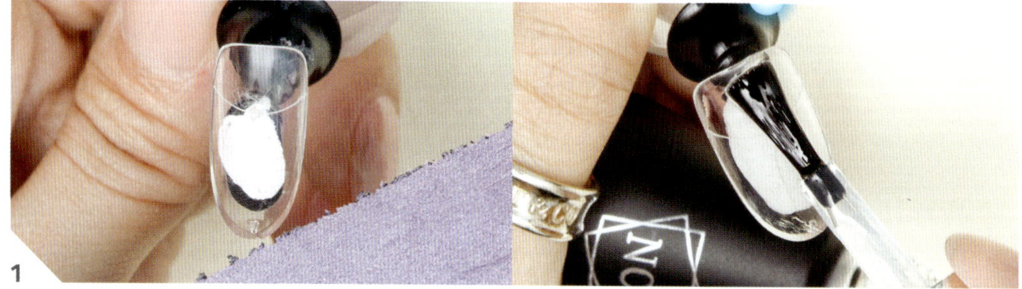

1

프리퍼레이션 후 베이스젤을 전체적으로 바르고 큐어해주세요.

2

C-01 화이트로 전체적으로 바르고 큐어해주세요.

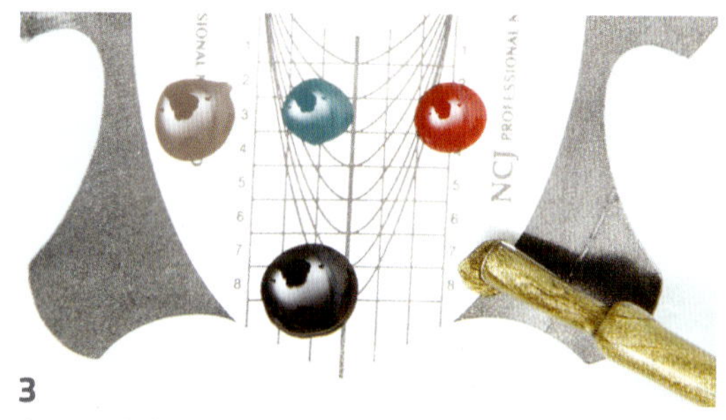

3

C-29 라이트 브라운, C-30 블루 그린, C-25 레드, C-20 블랙, P-16 메탈릭 골드를 젤 팔레트에 덜어내세요.

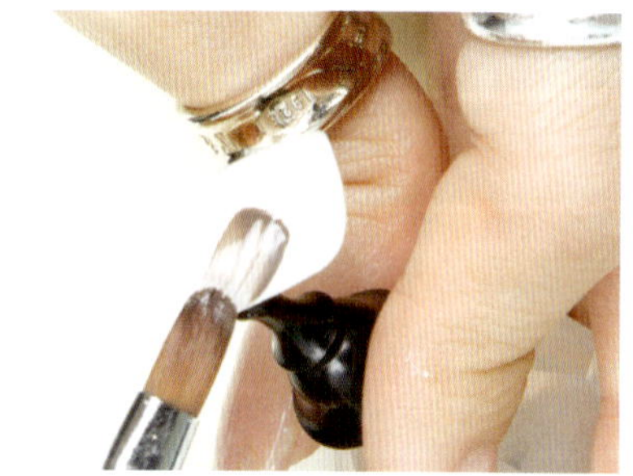

4

라운드 브러시를 이용해 C-29 라이트 브라운으로 꽃잎을 디자인해주세요.

5

라운드 브러시를 이용해 C-30 블루 그린으로 꽃잎을 디자인해주세요.

6

라운드 브러시를 이용해 C-25 레드로 꽃잎을 디자인히고 큐어해주세요.

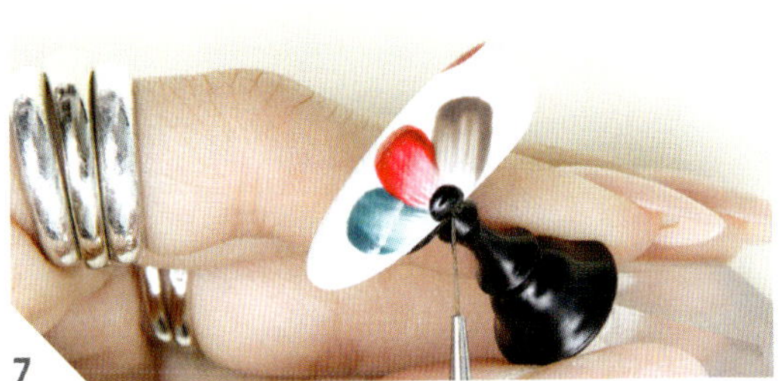

7

롱 라이너 브러시를 이용해 C-20 블랙으로 수술을 디자인하고 큐어해주세요.

8

롱 라이너 브러시를 이용해 P-16 메탈릭 골드로 라인을 그려주세요.

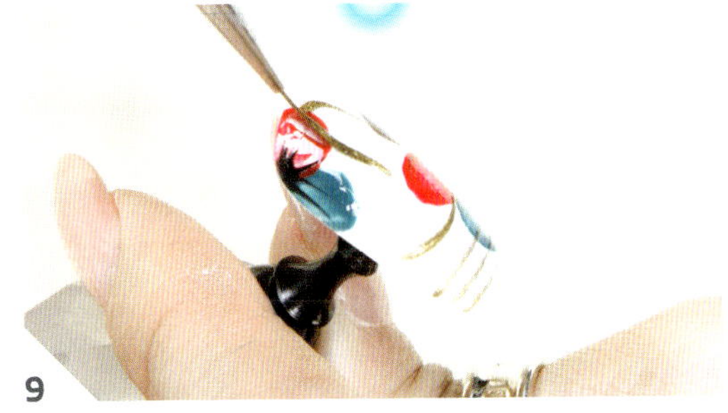

9

롱 라이너 브러시를 이용해 P-16 메탈릭 골드로 긴 수술을 그리고 큐어해주세요.

10

롱 라이너 브러시를 이용해 C-20 블랙으로 긴 수술을 그려주세요.

11

8번 스티커를 붙여주세요.

12

22번 스티커를 붙여주세요.

13

탑젤을 바르고 큐어해주세요.

Single Glittered Flower Art

싱글 글리터 플라워 아트

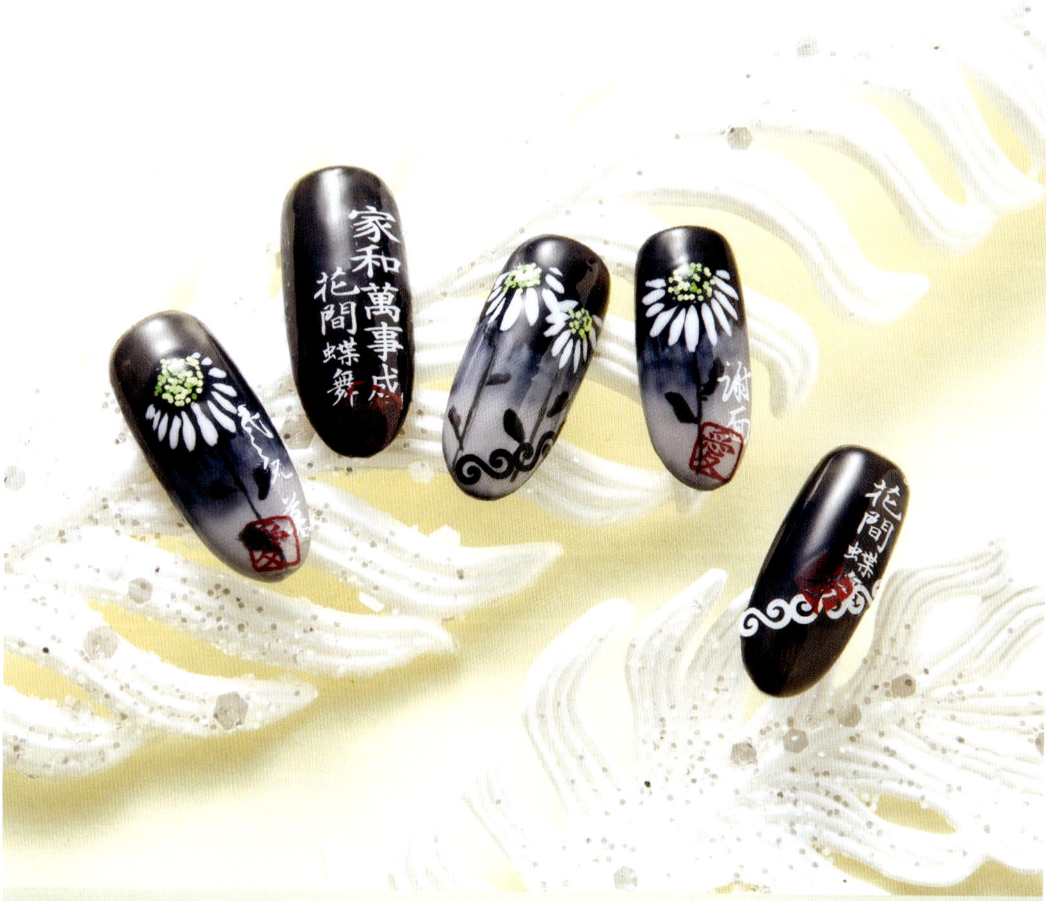

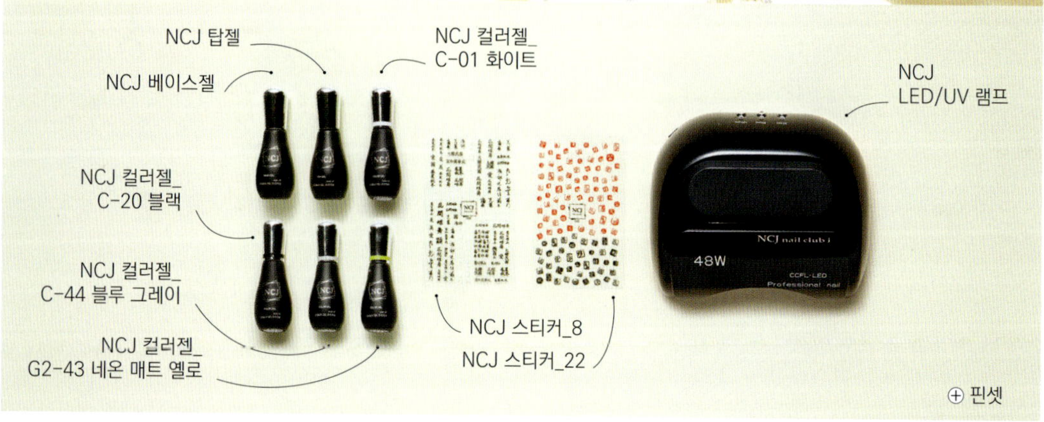

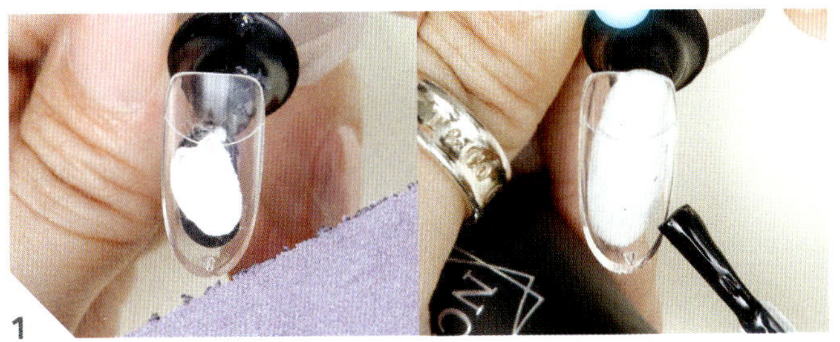

1

프리퍼레이션 후 베이스젤을 전체적으로 바르고 큐어해주세요.

2

C-20 블랙을 전체적으로 바르고 큐어해주세요.

3

C-44 블루 그레이를 아래부터 위로 발라주세요.

4

브러시에 있는 젤을 다 덜어낸 후 컬러를 위로 쓸어주면서 컬러의 경계를 풀어주고 큐어해주세요.

5

C-20 블랙을 소량만 사용해 줄기 와 잎을 그리고 큐어해주세요.

6

C-01 화이트로 꽃잎을 디자인하고 큐어해주세요.

7

G2-43 네온 매트 옐로로 수술을 디자인하고 큐어해주세요.
참고하세요! 크기가 작은 글리터만 떠주 세요.

8

8번과 22번 스티커를 붙여주세요.

9

탑젤을 바르고 큐어해주세요.

Morning Glory Flower Art

모닝글로리 플라워 아트

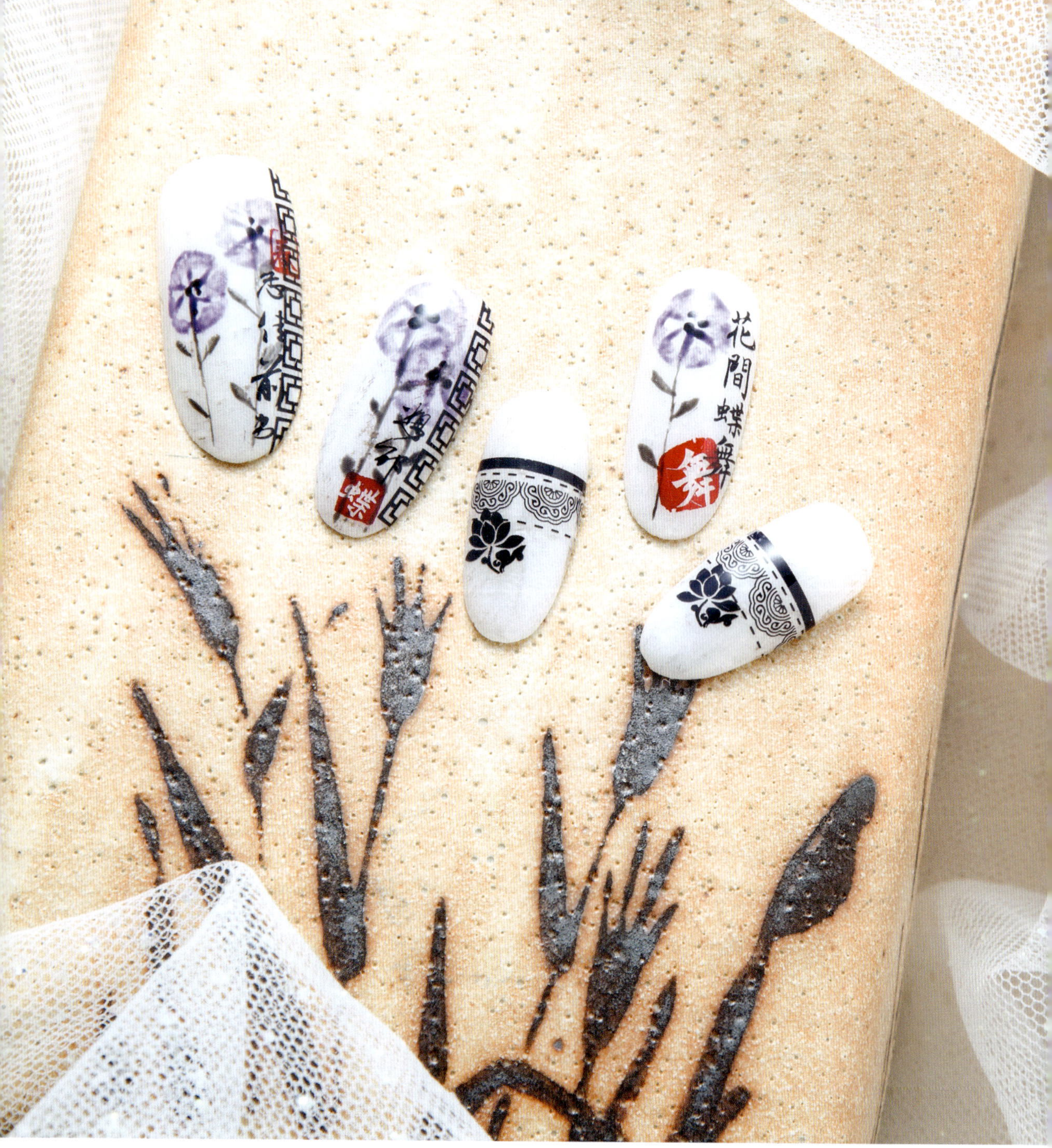

NCJ 베이스젤
NCJ 탑젤
NCJ 컬러젤_
C-03 파스텔 옐로
NCJ 컬러젤_
C-22 다크 그린
NCJ 코팅젤
NCJ 컬러젤_
C-20 블랙
NCJ 컬러젤_
C-23 블루
NCJ 라운드 브러시
NCJ 롱 라이너 브러시
NCJ 스티커_22
NCJ 스티커_11
NCJ 스티커_8
NCJ nail club j
48W
CCFL-LED
Professional nail
NCJ LED/UV 램프
⊕ 젤 클렌저, 핀셋, 파일

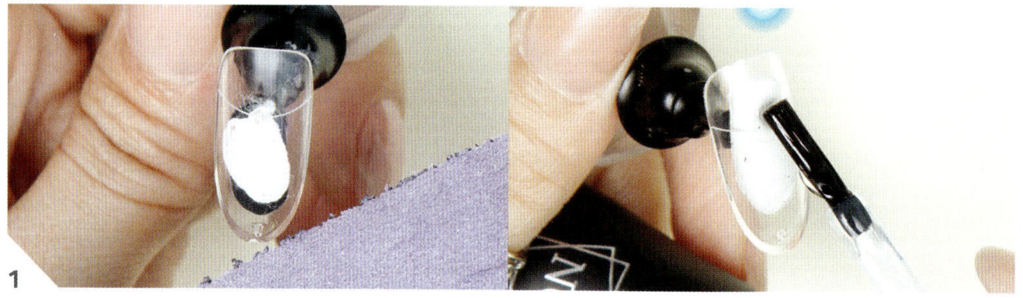

1
프리퍼레이션 후 베이스젤을 전체적으로 바르고 큐어해주세요.

2
코팅젤을 바르고 큐어해주세요.

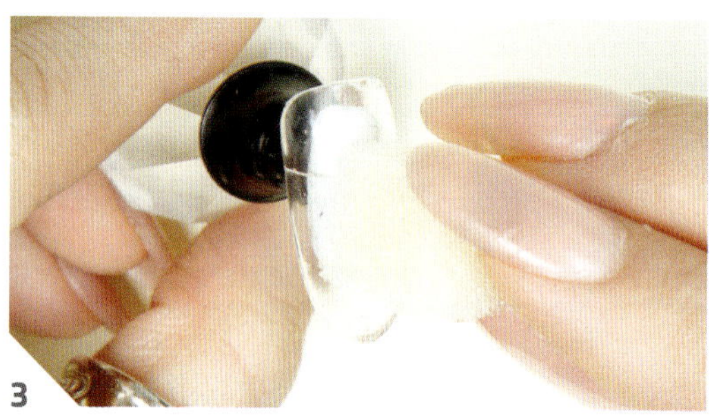

3
미경화 젤을 닦아내세요.

4
파일로 표면에 스크래치를 내주세요.

5
C-03 파스텔 옐로를 전체적으로 소량만 바르고 큐어해주세요.

6
C-23 블루로 꽃잎의 틀을 디자인해주세요.

7
라운드 브러시로 꽃잎의 테두리 라인을 안쪽으로 당겨주고 큐어해주세요.

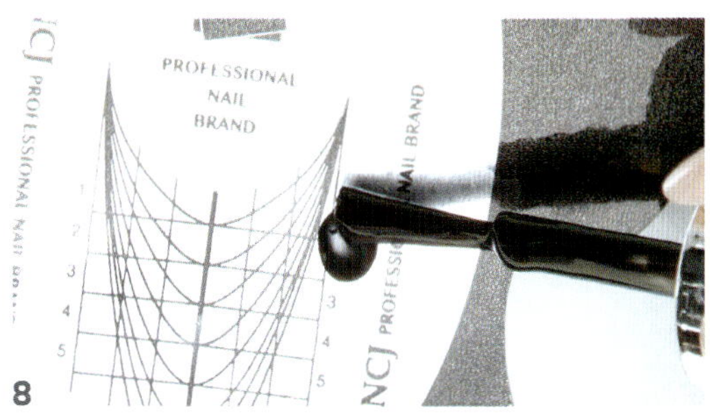

8

C-20 블랙과 C-22 다크 그린을 NCJ 폼지에 덜어내세요.

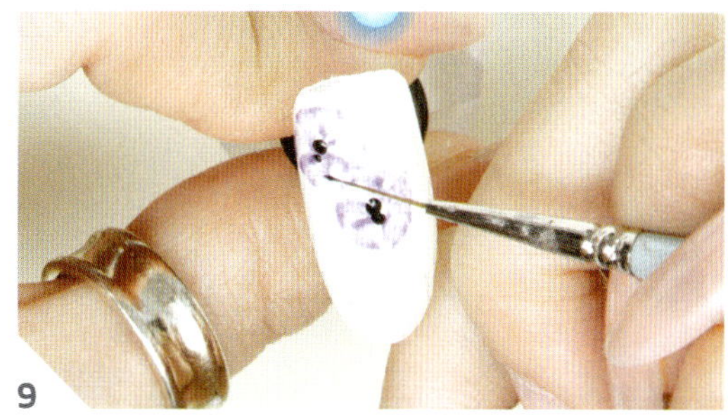

9

C-20 블랙으로 수술을 찍어주고 큐어해주세요.

10

C-20 블랙과 C-22 다크 그린을 섞어 줄기와 잎을 디자인하고 큐어해주세요.

11

11번 스티커를 가장자리에 세로로 붙여주세요.

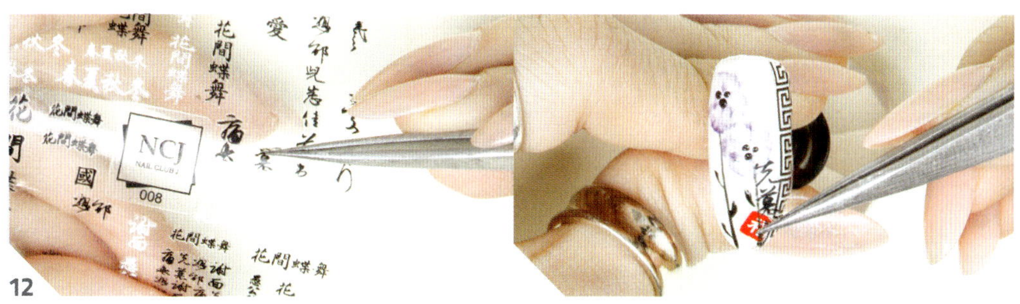

12

8번과 22번을 그 옆에 붙여주세요.

13

탑젤을 바르고 큐어해주세요.

Orchid Flower Art

오키드 플라워 아트

1

프리퍼레이션 후 베이스젤을 전체적으로 바르고 큐어해주세요.

2

C-20 블랙을 전체적으로 바르고 큐어해주세요.

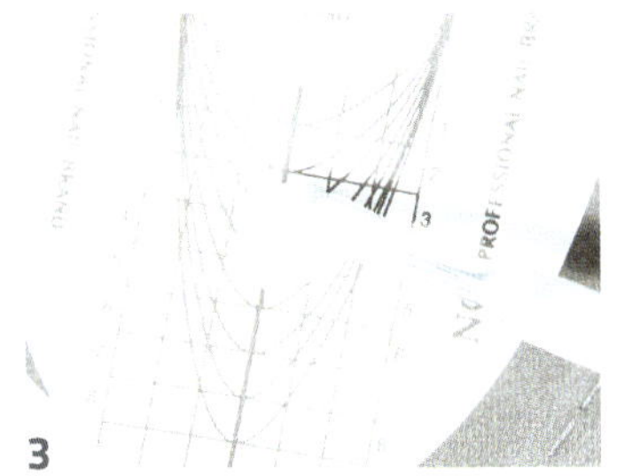

3

C-01 화이트를 젤 팔레트에 덜어 내세요.

4

롱 라이너 브러시를 이용해 C-01 화이트로 줄기를 그리고 큐어해 주세요.

5

G2-25 플라워를 줄기 위에 장식 하고 큐어해주세요.

6

21번 스티커를 위쪽에 가로로 길게 붙여주세요.

7

8번과 22번 스티커를 붙여주세요.

8

탑젤을 바르고 큐어해주세요.

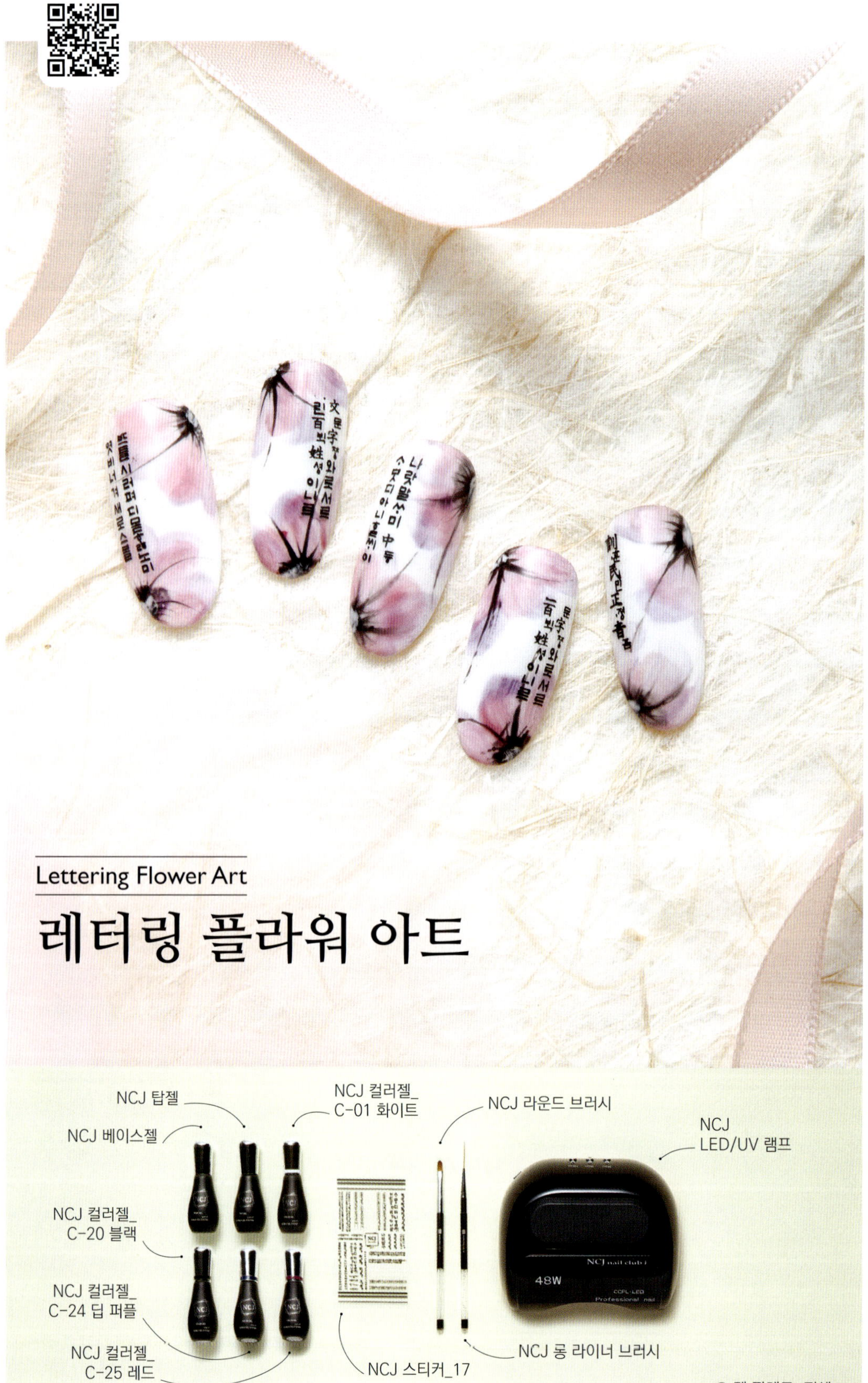

Lettering Flower Art

레터링 플라워 아트

1. 프리퍼레이션 후 베이스젤을 전체적으로 바르고 큐어해주세요.

2. C-01 화이트를 전체적으로 바르고 큐어해주세요.

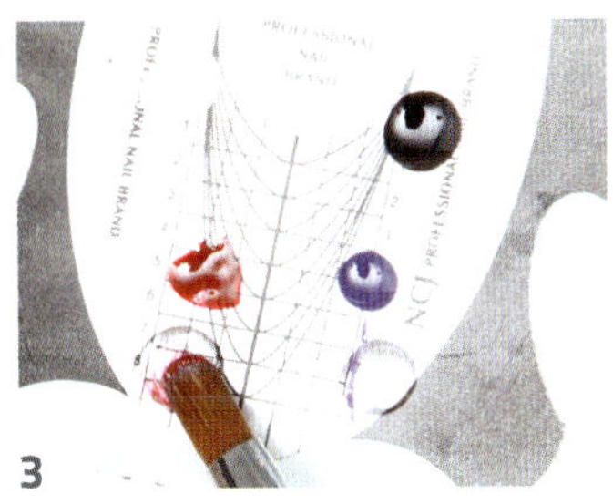

3. C-24 딥 퍼플, C-25 레드, C-01 화이트, C-20 블랙, 베이스젤을 젤 팔레트에 덜어내세요.

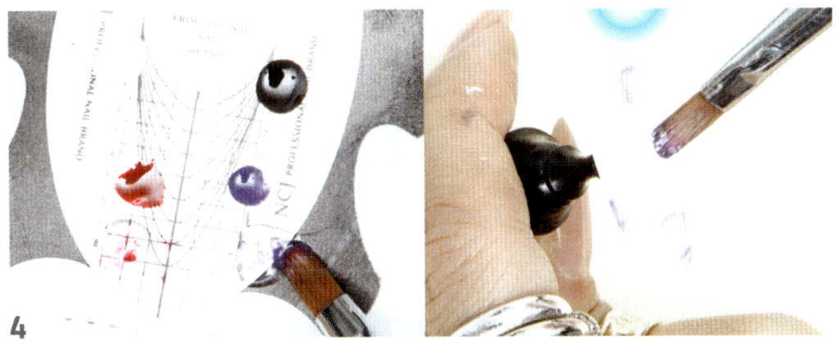

4. 라운드 브러시로 C-24 딥 퍼플과 베이스젤을 섞어 꽃잎을 그리고 큐어해주세요.

5. 라운드 브러시로 C-25 레드와 베이스젤을 섞어 꽃잎을 그리고 큐어해주세요.

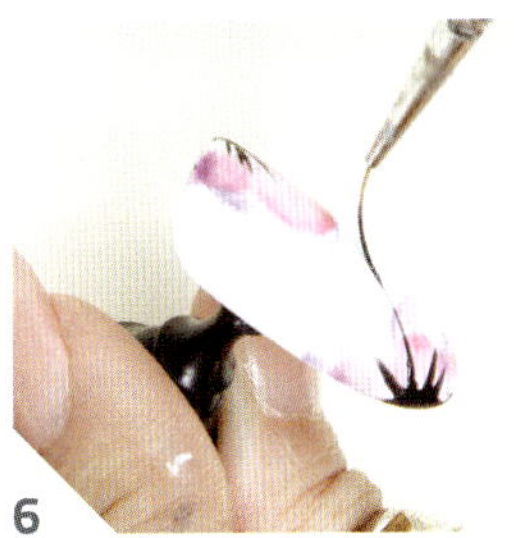

6. C-20 블랙을 꽃잎 중심에 넣고 롱 라이너 브러시를 이용해 밖으로 당겨주세요.

7. C-01 화이트를 수술 모양으로 찍어주고 큐어해주세요.

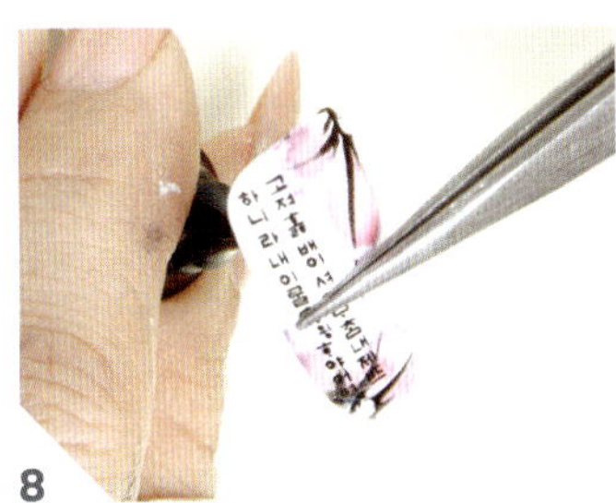

8. 17번 스티커를 빈 공간에 붙여주세요.

9. 탑젤을 바르고 큐어해주세요.

스크래치 플라워 아트

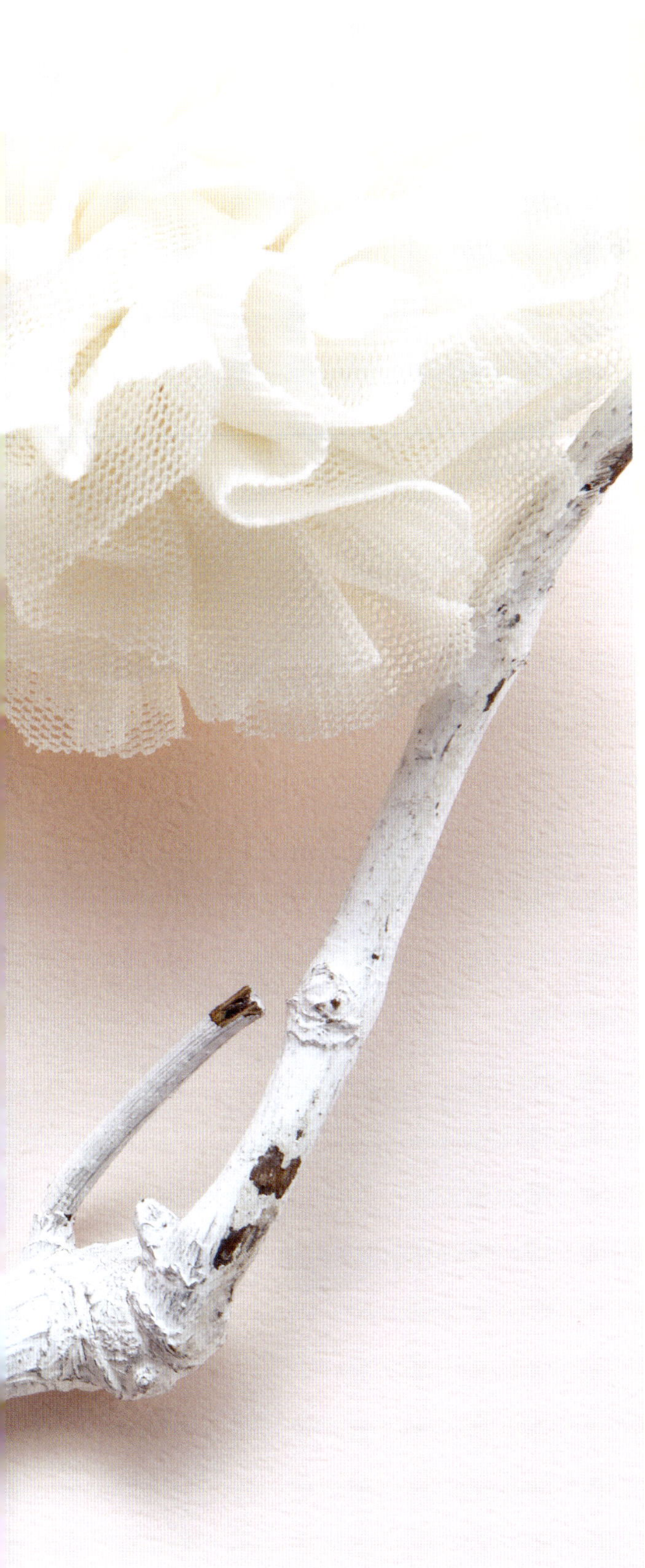

NCJ 베이스젤
NCJ 컬러젤_
C-01 화이트
NCJ 탑젤
NCJ 컬러젤_
C-20 블랙
NCJ 컬러젤_
C-19 버건디
NCJ 컬러젤_
C-27 브라운
NCJ 팬 브러시
NCJ
라운드 브러시
NCJ 롱 라이너
브러시
NCJ nail club j
48W
CCFL-LED
Professional nail
NCJ LED/UV 램프

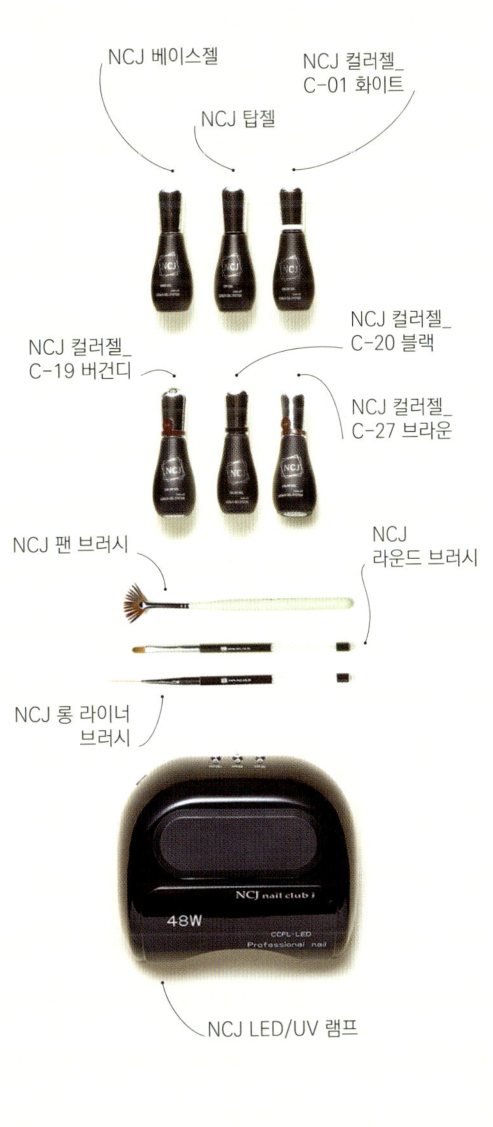

⊕ 젤 팔레트

1

프리퍼레이션 후 베이스젤을 전체
적으로 바르고 큐어해주세요.

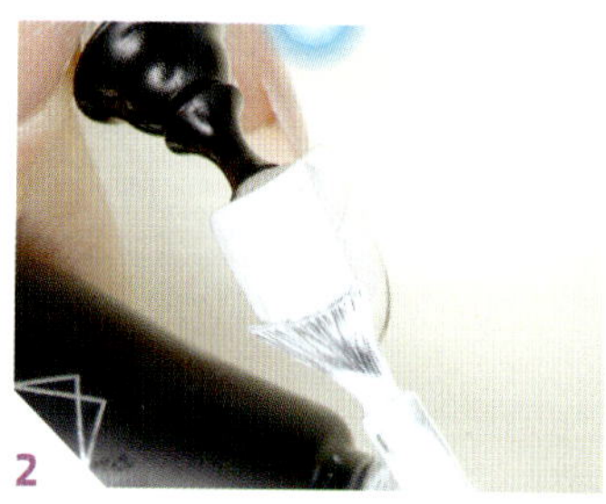

2

C-01 화이트를 전체적으로 바르고
큐어해주세요.

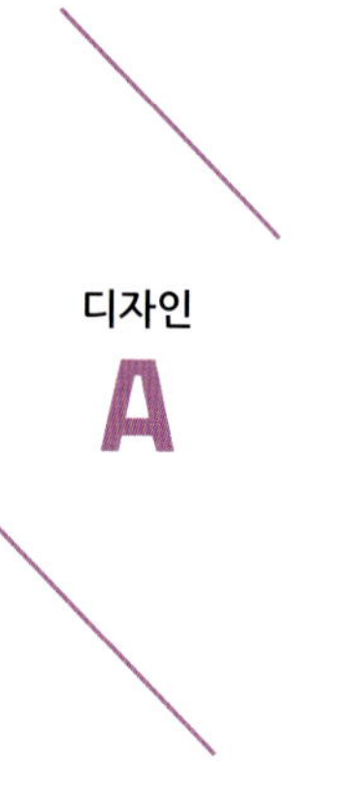

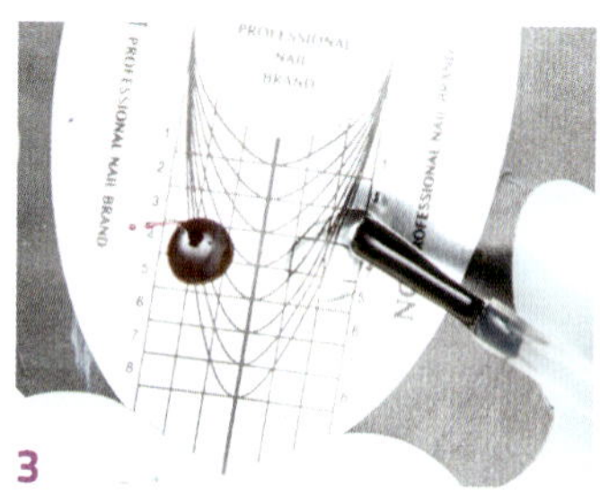

3

C-19 버건디와 베이스젤을 젤
팔레트에 덜어내세요.

4

베이스젤과 C-19 버건디를 섞어서 풀어진 꽃잎 모양을 그리고 고정
큐어해주세요.

5

베이스젤과 C-19 버건디를 섞어서
풀어진 꽃잎의 안쪽에 한 번 더 바
르고 고정 큐어해주세요.

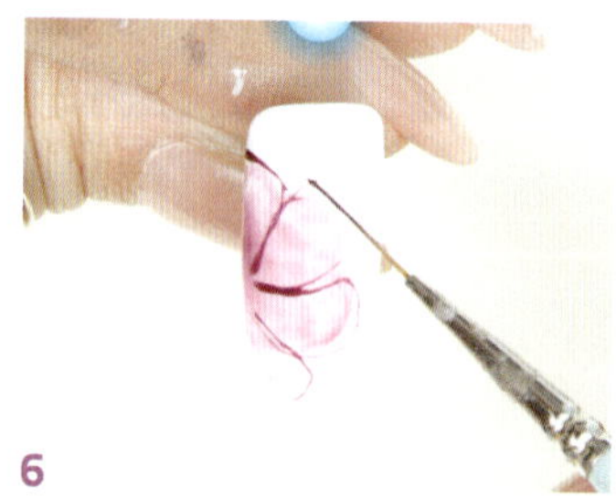

6

롱 라이너 브러시를 이용해 C-19
버건디로 꽃잎의 라인을 그리고 고
정 큐어해주세요.

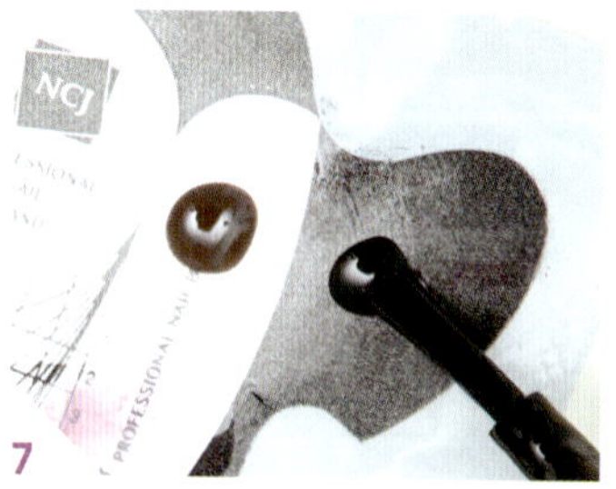

7

C-27 브라운과 C-20 블랙을 젤
팔레트에 덜어내세요.

8

라운드 브러시를 이용해 C-27
브라운과 C-20 블랙을 섞은 후
꽃 중앙에 덧칠해주세요.

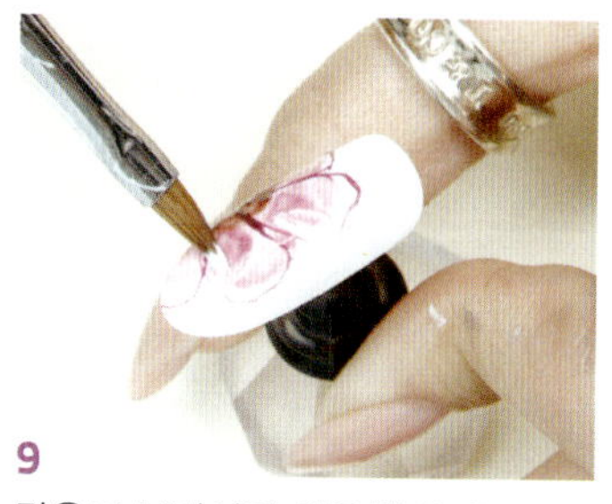

9

라운드 브러시를 이용해 C-01
화이트로 꽃잎에 결을 표현해주
세요.

10

팬 브러시를 이용해 C-27 브라운
으로 빈 공간에 스크래치를 주세요.

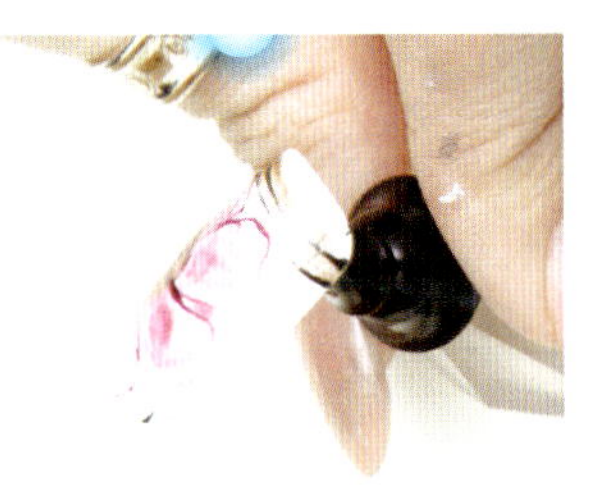

11
롱 라이너 브러시를 이용해 C-20
블랙으로 가로 라인을 그리고 수술
을 찍어주고 큐어해주세요.

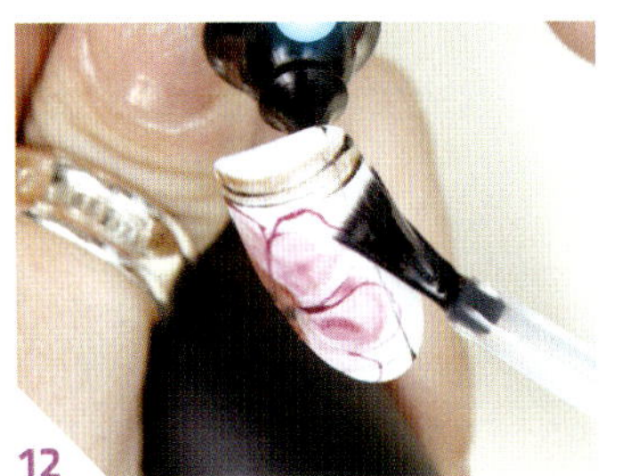

12
탑젤을 바르고 큐어해주세요.

디자인

B

1
프리퍼레이션 후 베이스젤을 전체
적으로 바르고 큐어해주세요.

2
C-01 화이트를 전체적으로 바르고
큐어해주세요.

3
팬 브러시를 이용해 C-27 브라운
으로 가로 스크래치를 내주세요.

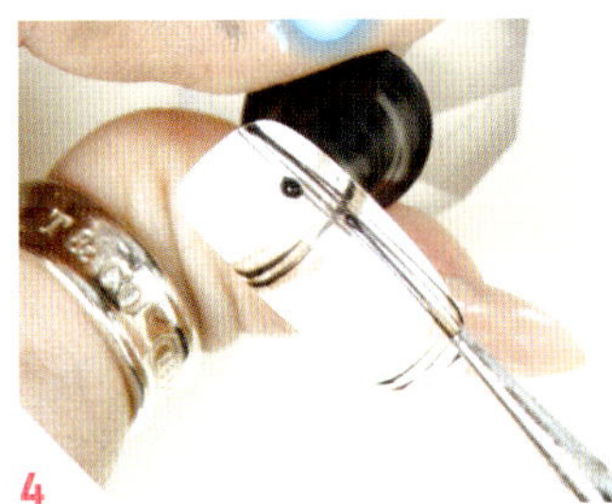

4
롱 라이너 브러시를 이용해 C-20
블랙으로 세로 라인을 그리고 점을
찍어준 후 큐어해주세요.

5
탑젤을 바르고 큐어해주세요.

질감이 주는
매력에 빠지다

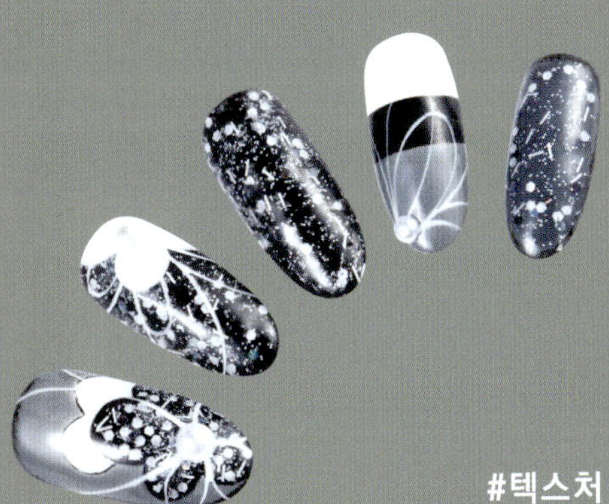

#텍스처

멀티 컬러 브러시 스트록 아트

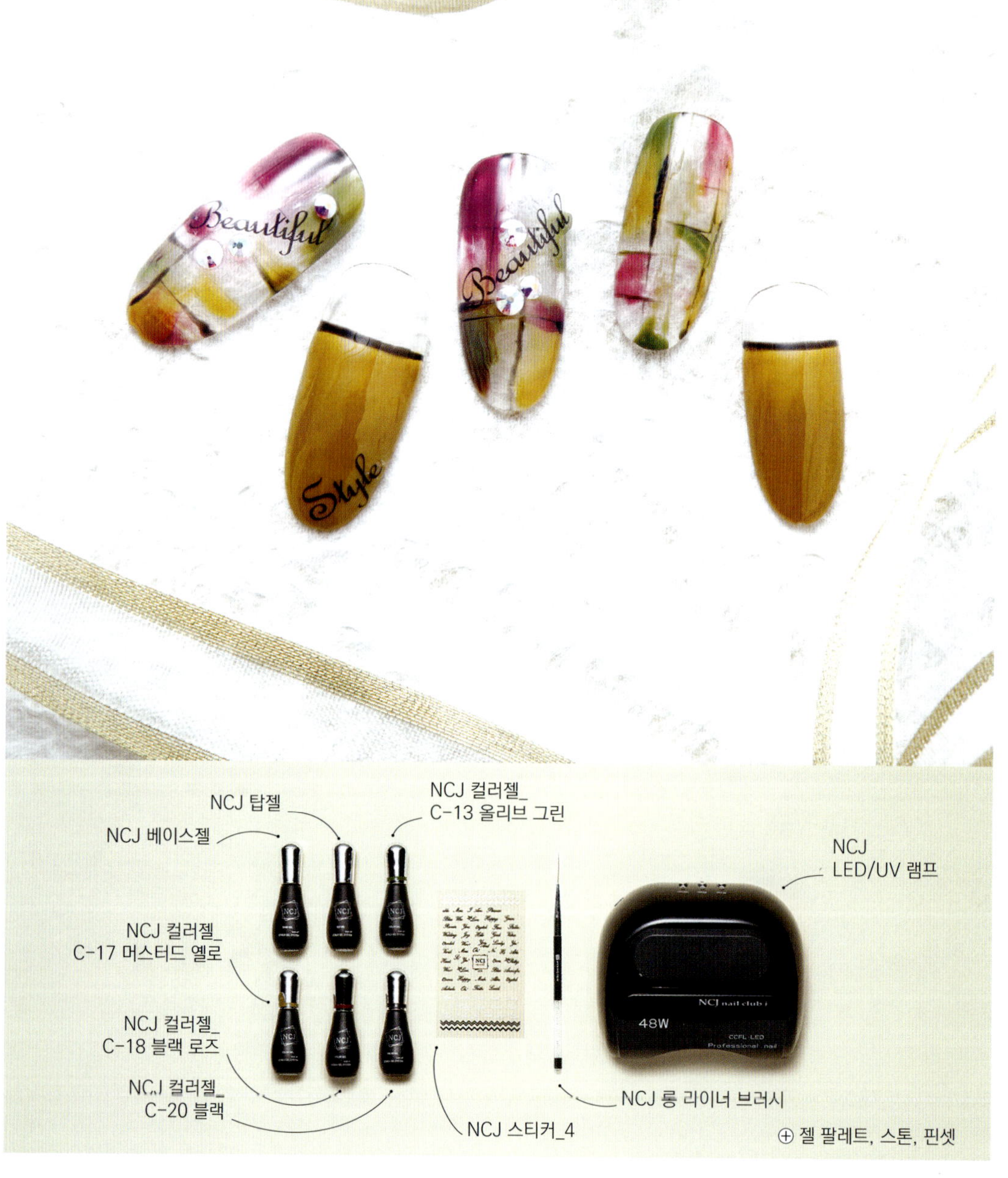

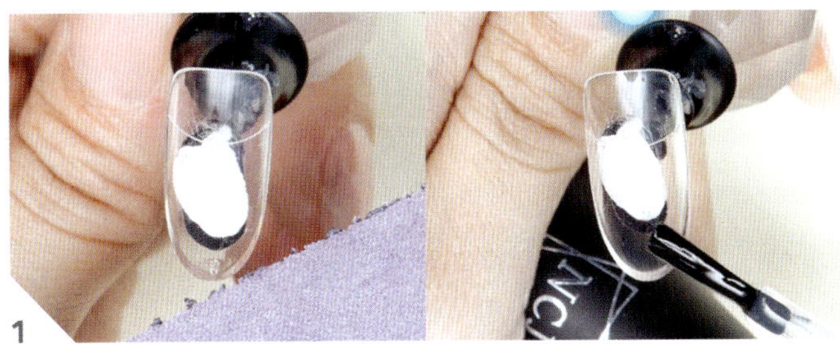

1

프리퍼레이션 후 베이스젤을 전체적으로 바르고 큐어해주세요.

2

C-13 올리브 그린을 세로와 가로로 한줄씩 발라주세요.

3

C-17 머스터드 옐로를 세로와 가로로 한 줄씩 발라주세요.

4

C-18 블랙 로즈를 세로와 가로로 한 줄씩 발라주세요.

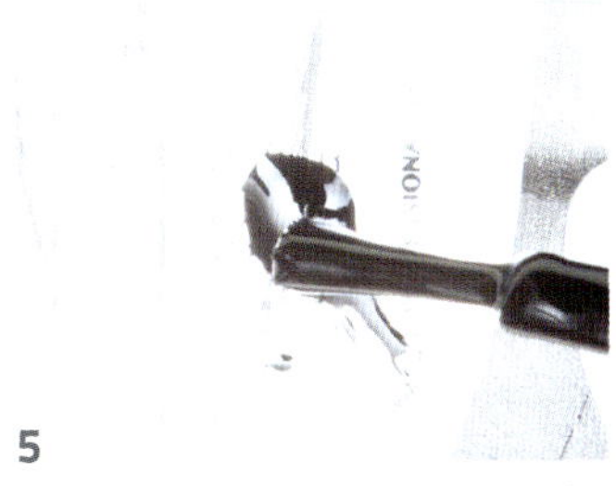

5

C-20 블랙을 젤 팔레트에 덜어내세요.

6

롱 라이너 브러시를 이용해 세로와 가로 라인에 라인을 넣어준 후 큐어해주세요.

7

4번 스티커를 대각선으로 붙여주세요.

8

탑젤을 발라주세요.

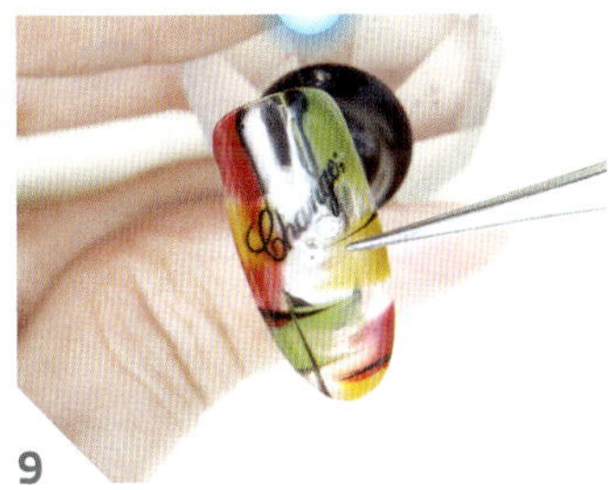

9

스톤을 올린 후 큐어해주세요.

Tweed Knit Textured Art

트위드 니트 텍스처 아트

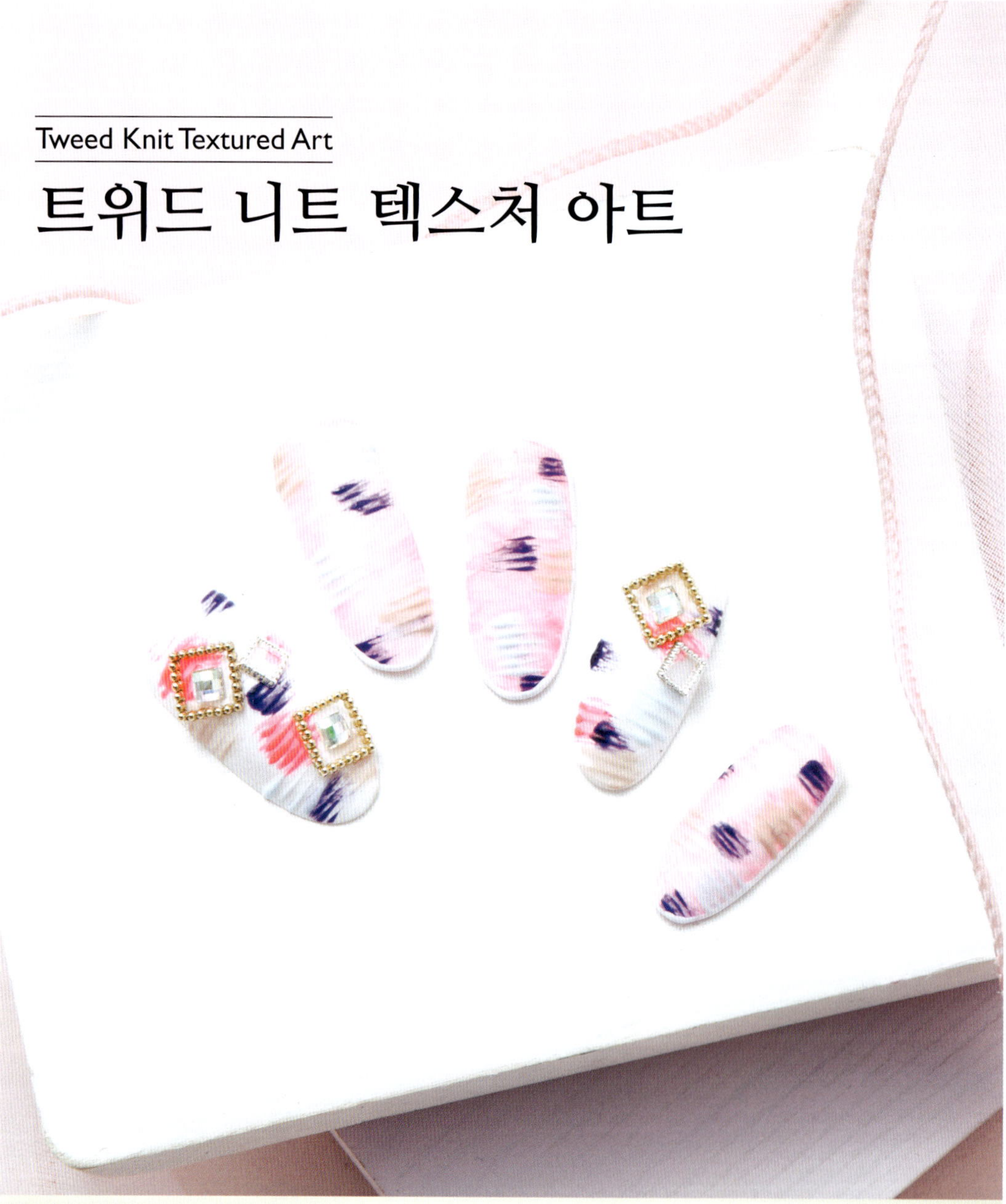

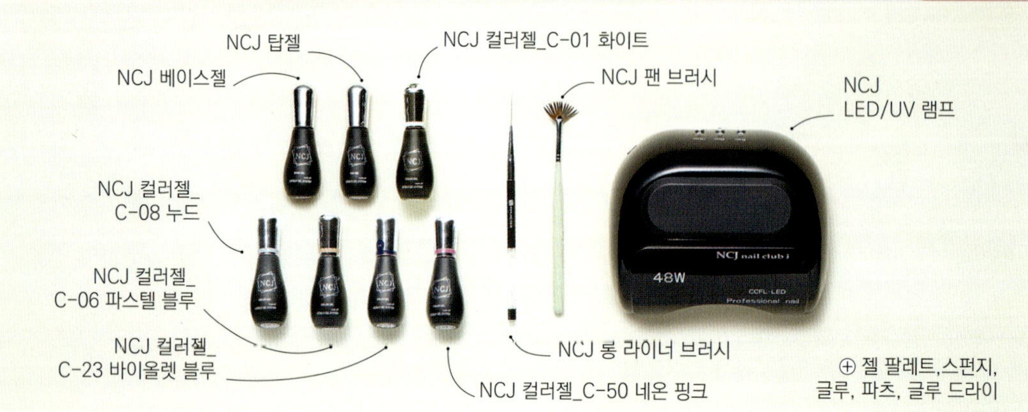

Tweed Knit Textured Art

NCJ 탑젤
NCJ 베이스젤
NCJ 컬러젤_C-01 화이트
NCJ 팬 브러시
NCJ
LED/UV 램프
NCJ 컬러젤_
C-08 누드
NCJ 컬러젤_
C-06 파스텔 블루
NCJ 컬러젤_
C-23 바이올렛 블루
NCJ 롱 라이너 브러시
NCJ 컬러젤_C-50 네온 핑크
⊕ 젤 팔레트, 스펀지,
글루, 파츠, 글루 드라이
48W
NCJ nail club i
CCFL-LED
Professional nail

1

프리퍼레이션 후 베이스젤을 전체
적으로 바르고 큐어해주세요.

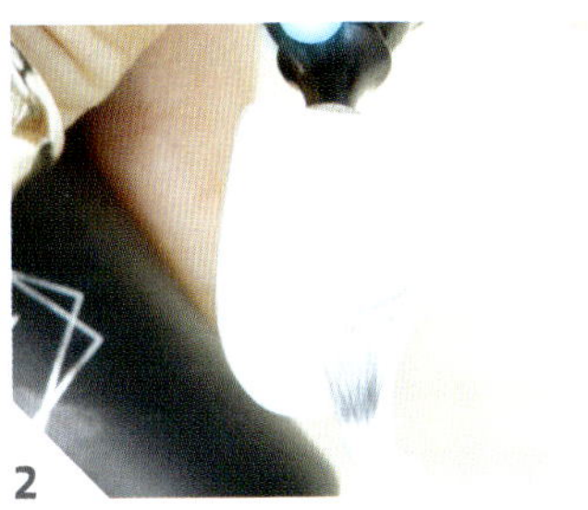

2

C-01 화이트를 전체적으로 바르고
큐어해주세요.

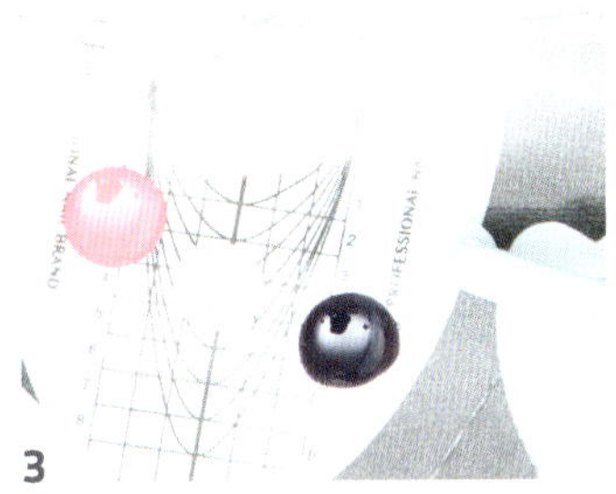

3

C-06 파스텔 블루, C-08 누드,
C-23 바이올렛 블루, C-50 네온
핑크를 젤 팔레트에 덜어내세요.

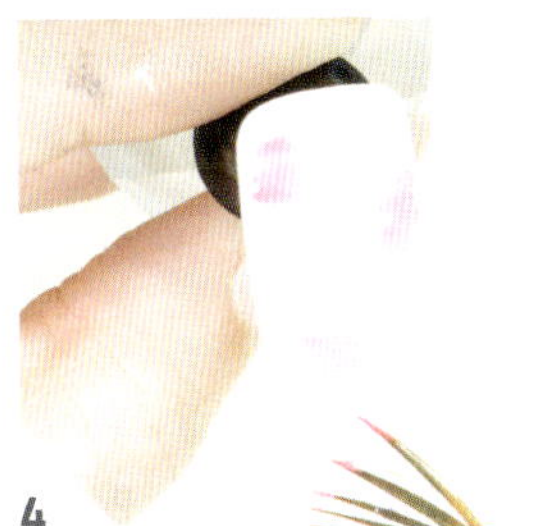

4

베이스젤을 바른 후 C-50 네온
핑크를 팬 브러시로 쓸어주세요.

5

C-06 파스텔 블루를 팬 브러시로
쓸어주세요.

6

C-23 바이올렛 블루를 팬 브러시
로 쓸어주세요.

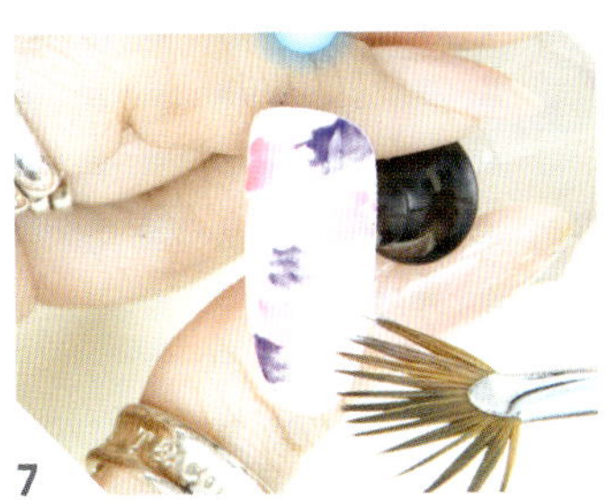

7

C-08 누드를 번갈아가면서 팬
브러시로 듬성듬성 쓸어주고 큐어
해주세요.

8

롱 라이너 브러시로 C-50 네온
핑크와 C-08 누드를 쓸어준 부분
에 라인을 그려주세요.

9

롱 라이너 브러시로 C-06 파스텔
블루와 C-23 바이올렛 블루를
쓸어준 부분에 라인을 그리고 큐어
해주세요.

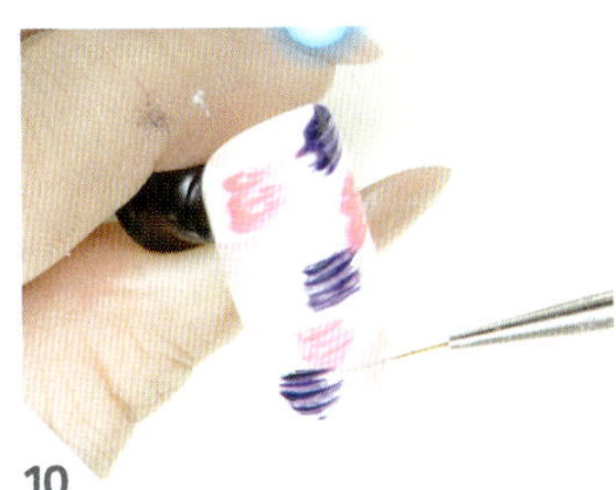

10

8~9번 과정을 한 번 더 반복해주
세요.

11

탑젤을 스펀지로 찍어주듯 바르고
큐어해주세요.

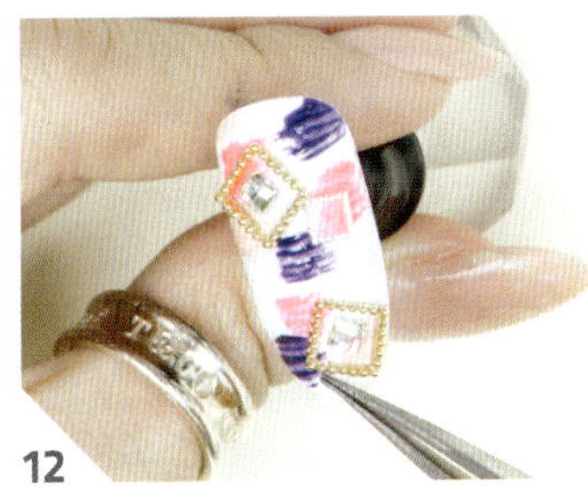

12

글루를 이용해 파츠를 장식하고
글루 드라이를 뿌려주세요.

멀티 컬러 브러시 스트록 플라워 아트

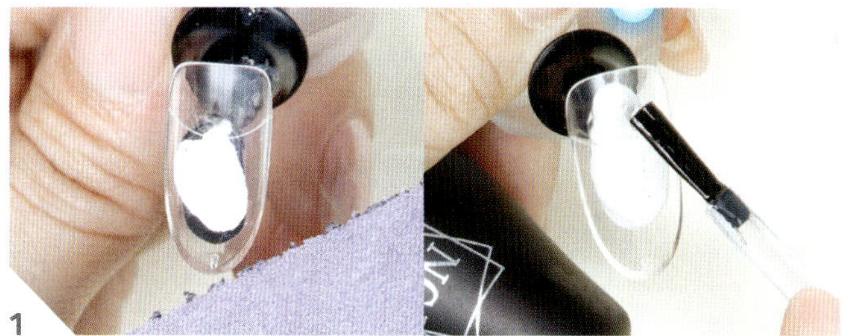

1 프리퍼레이션 후 베이스젤을 전체적으로 바르고 큐어해주세요.

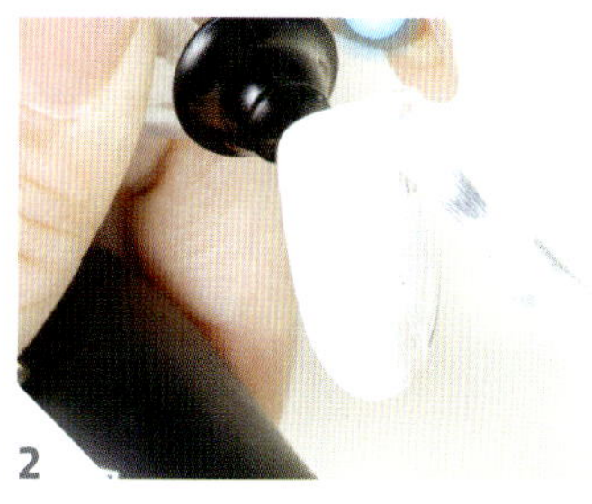

2 C-01 화이트를 전체적으로 바르고 큐어해주세요.

3 C-60 옐로로 스크래치 느낌의 가로 스트록을 주세요.

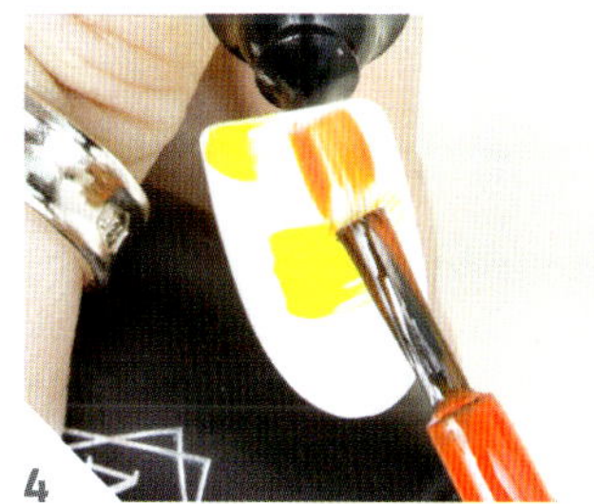

4 C-59 오렌지로 스크래치 느낌의 세로 스트록을 주세요.

5 C-58 핫 핑크로 스크래치 느낌의 가로 스트록을 주세요.

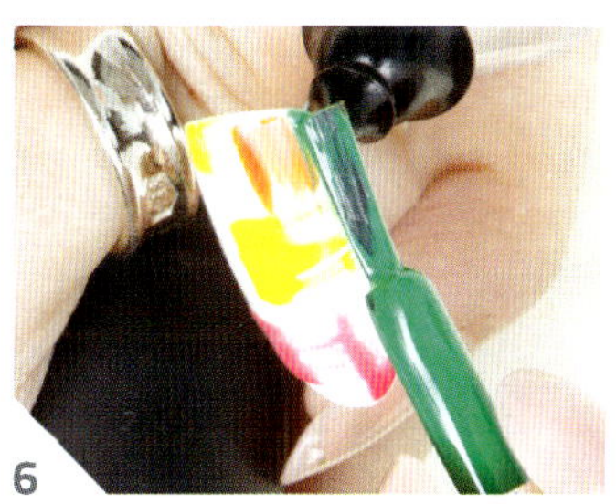

6 C-55 그라스 그린으로 스크래치 느낌의 세로 스트록을 주세요.

7 C-61 트루 블루로 스크래치 느낌의 가로 스트록을 주고 큐어해주세요.

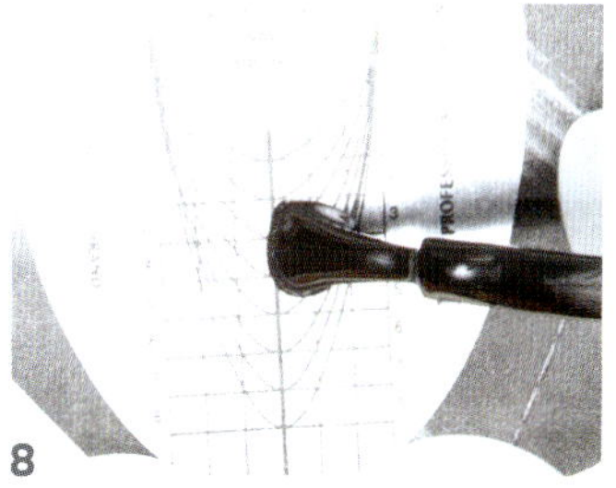

8 C-20 블랙을 젤 팔레트에 덜어내세요.

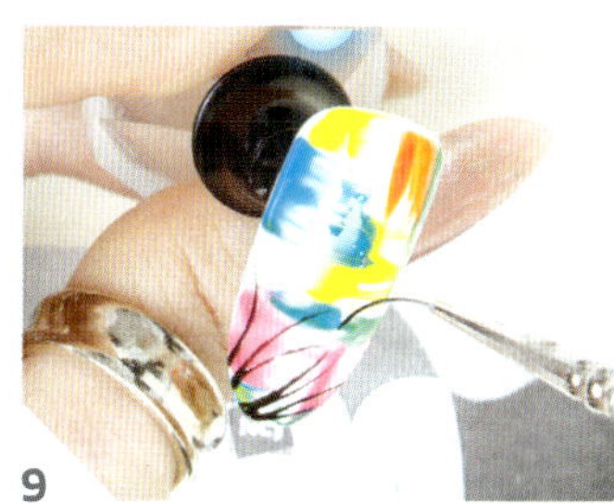

9 롱 라이너 브러시로 라인 플라워를 디자인한 다음 큐어해주세요.

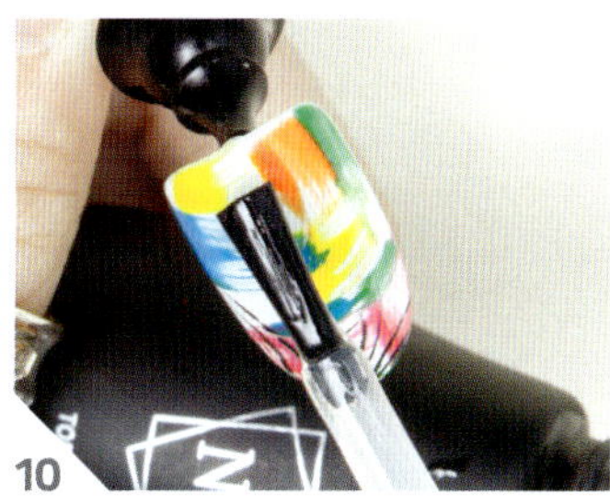

10 탑젤을 발라주세요.

11 골드 라운드 스터드를 장식하고 큐어해주세요.

Scratched Universe Art
스크래치 유니버스 아트

NCJ 베이스젤
NCJ 탑젤
NCJ 컬러젤_
C-01 화이트
NCJ 코팅젤
NCJ 컬러젤_
C-20 블랙
NCJ 컬러젤_
C-24 딥 퍼플
NCJ 컬러젤_
C-61 트루 블루
NCJ 컬러젤_
C-43 블루 퍼플
NCJ 팬 브러시
NCJ 스티커_25
NCJ 스티커_19
NCJ LED/UV 램프

⊕ 젤 팔레트, 젤 클렌저, 핀셋

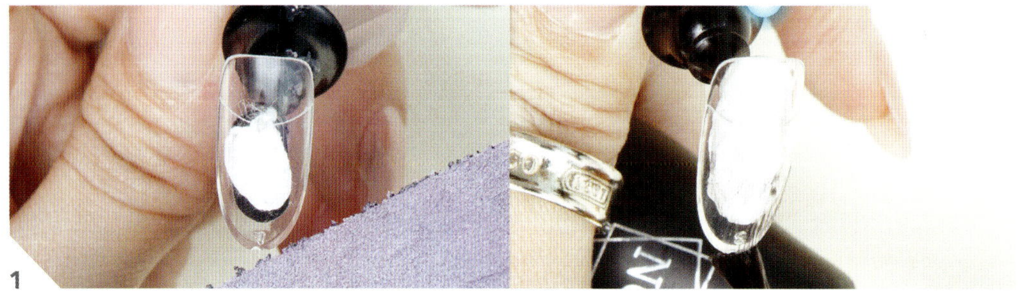

1

프리퍼레이션 후 베이스젤을 전체적으로 바르고 큐어해주세요.

2

C-01 화이트를 아래에서 위로 발라주세요.

3

C-20 블랙을 위에서 아래로 바르고 큐어해주세요.

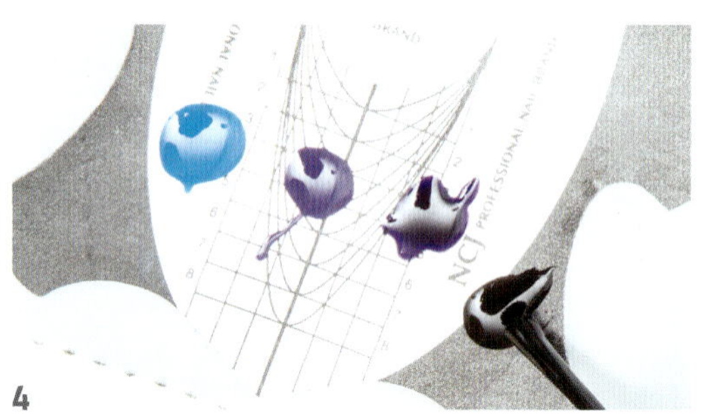

4

C-61 트루 블루, C-24 딥 퍼플, C-43 블루 퍼플,
C-20 블랙을 젤 팔레트에 덜어내세요.

5

C-61 트루 블루를 팬 브러시를 이용해 빈 공간에 쓸어
주고 고정 큐어해주세요.

6

C-24 딥 퍼플을 팬 브러시를 이용해 빈 공간에 쓸어주
고 고정 큐어해주세요.

7

C-43 블루 퍼플을 팬 브러시를 이용해 빈 공간에 쓸어
주고 고정 큐어해주세요.

8

C-20 블랙을 빈 공간에 쓸어주고 큐어해주세요.

9

23번 스티커를 붙여주세요.

10

19번 스티커를 붙여주세요.

11

코팅젤을 전체적으로 바르고 큐어해주세요.

12

미경화젤을 닦아내세요.

13

C_01 화이트를 둥글게 올려준 후 브러시로 당겨서
별 모양을 만들어주세요.

14

탑젤을 바르고 큐어해주세요.

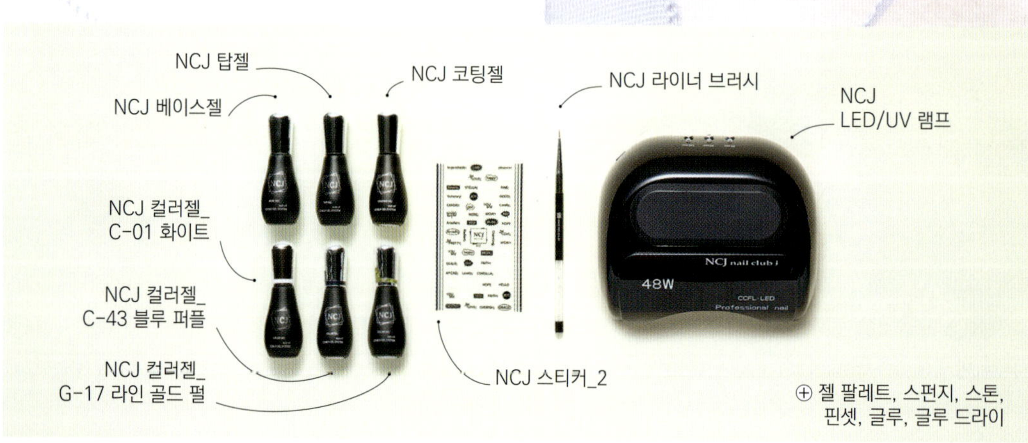

NCJ 탑젤
NCJ 베이스젤
NCJ 코팅젤
NCJ 라이너 브러시
NCJ
LED/UV 램프
NCJ 컬러젤_
C-01 화이트
NCJ 컬러젤_
C-43 블루 퍼플
NCJ 컬러젤_
G-17 라인 골드 펄
NCJ 스티커_2
NCJ nail club i
48W
CCFL·LED
Professional nail
⊕ 젤 팔레트, 스펀지, 스톤,
핀셋, 글루, 글루 드라이

1

프리퍼레이션 후 베이스젤을 전체적으로 바르고 큐어해주세요.

2

C-43 블루 퍼플을 전체적으로 바르고 큐어해주세요.

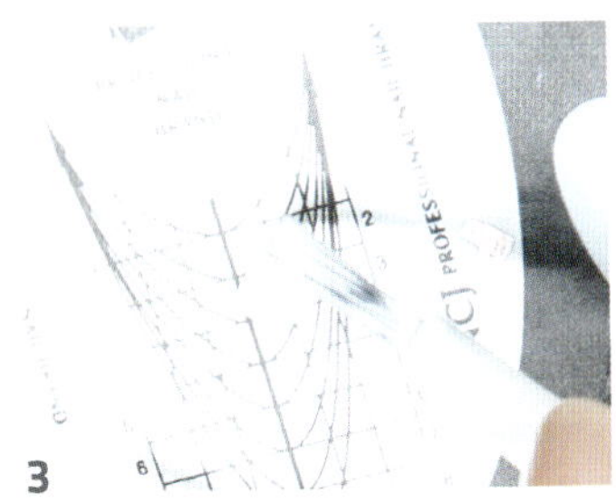

3

C-01 화이트를 젤 팔레트에 덜어내세요.

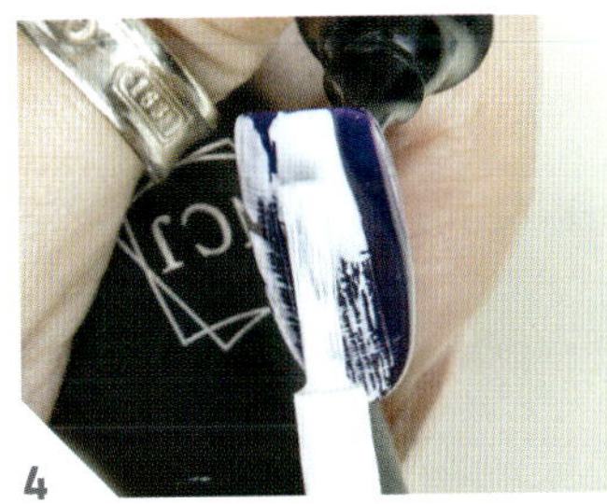

4

C-01 화이트를 소량만 떠서 손톱 표면에 스크래치를 주세요.

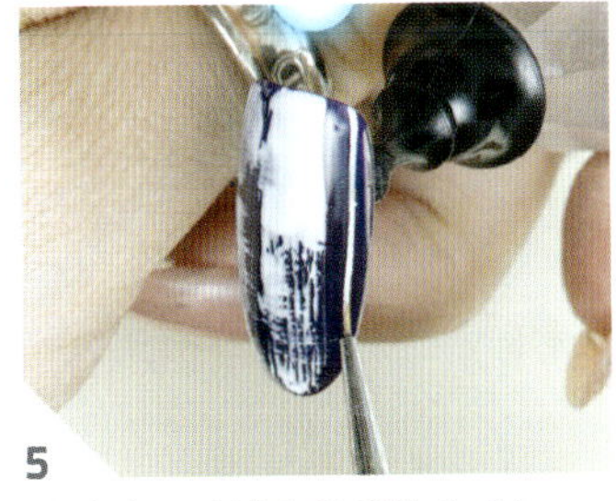

5

라이너 브러시를 이용해 C-01 화이트로 라인을 그리고 큐어해주세요.

6

G-17 라인 골드 펄로 손톱의 끝부분에 프렌치를 디자인하고 큐어해주세요.

7

2번 스티커를 붙여주세요.

8

코팅젤을 물방울 형태로 손톱에 올리고 큐어해주세요.

9

탑젤을 바르고 큐어해주세요.

10

글루를 바르고 스톤을 장식한 후 글루 드라이를 뿌려주세요.

Black & Yellow Scratched French Art

블랙&옐로 스크래치 프렌치 아트

* 큐어는 LED/UV 30초

1

프리퍼레이션 후 베이스젤을 전체
적으로 바르고 큐어해주세요.

2

C-01 화이트로 딥 프렌치를 디자
인하고 큐어해주세요.

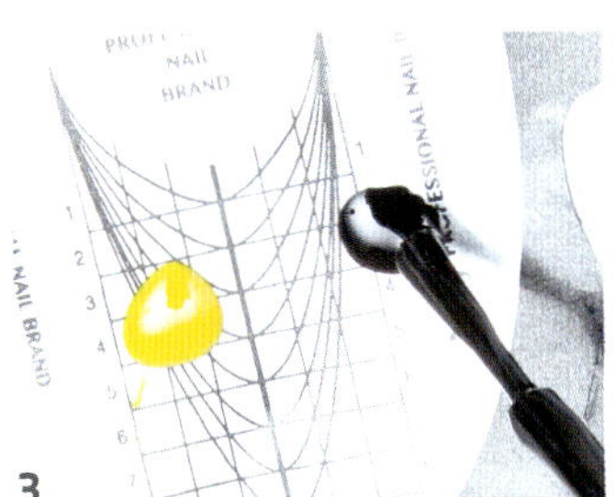

3

C-60 옐로와 C-20 블랙을 젤
팔레트에 덜어내세요.

4

스펀지로 C-60 옐로를 발라주세요.

5

C-20 블랙으로 손톱에 스크래치를
주세요.

6

롱 라이너 브러시로 라인을 더 빼주
고 큐어해주세요.

7

4번 스티커를 붙여주세요.

8

탑젤을 바르고 큐어해주세요.

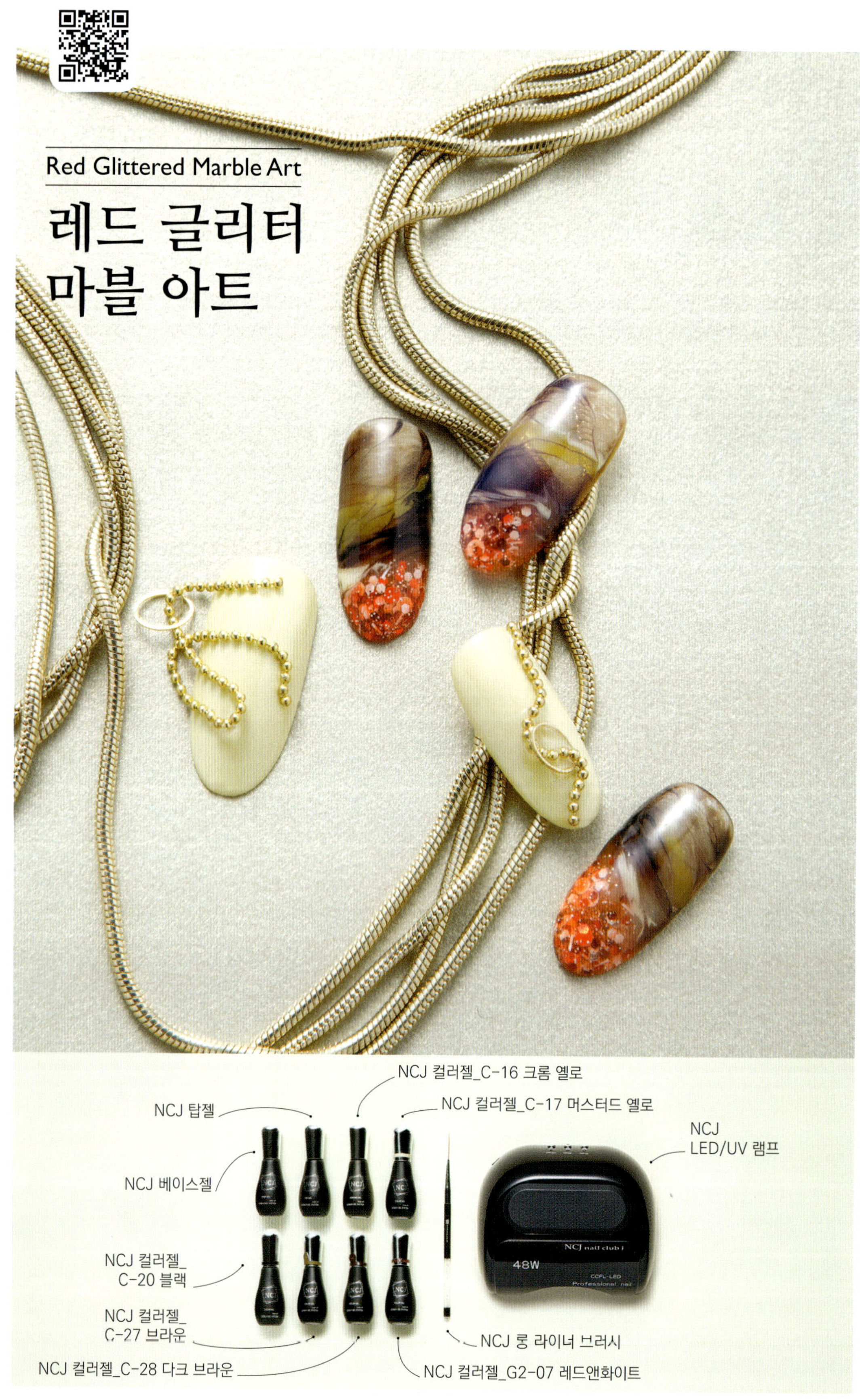

Red Glittered Marble Art

레드 글리터 마블 아트

1

프리퍼레이션 후 베이스젤을 전체
적으로 바르고 큐어해주세요.

2

G2-07 레드앤화이트를 아랫부분
에만 바르고 큐어해주세요.

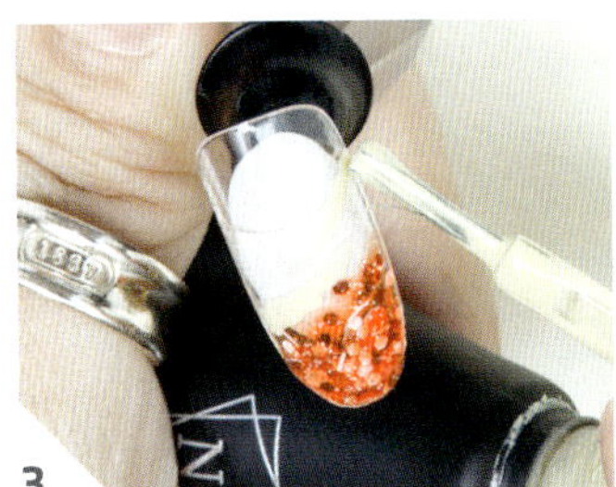

3

C-16 크롬 옐로를 위에 발라주
세요.

4

C-17 머스터드 옐로를 위에 발라
주세요.

5

C-27 브라운을 위에 발라주세요.

6

C-28 다크 브라운을 위에 발라주
세요.

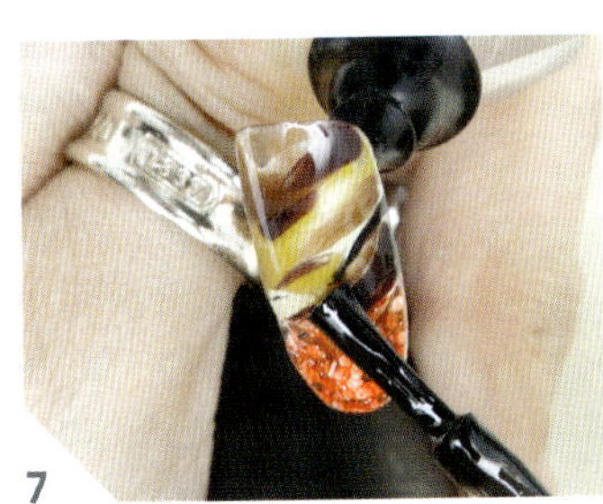

7

C-20 블랙을 살짝 발라주세요.

8

롱 라이너 브러시를 이용해 컬러들
을 펴주고 큐어해주세요.

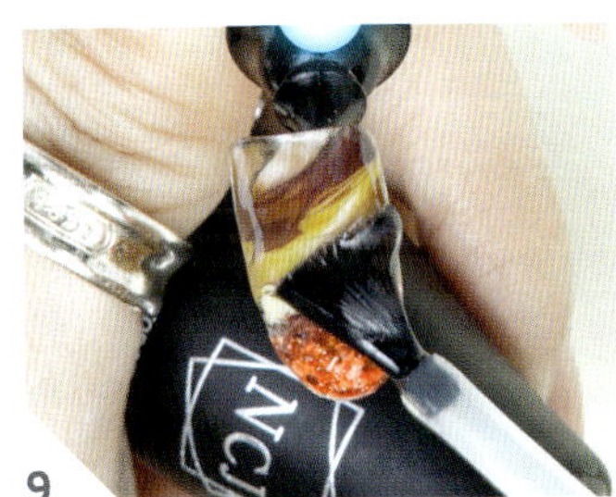

9

탑젤을 바르고 큐어해주세요.

톤온톤 브러시 스트록 프렌치 아트

1 프리퍼레이션 후 베이스젤을 전체적으로 바르고 큐어해주세요.

2 C-03 파스텔 옐로를 발라주세요.

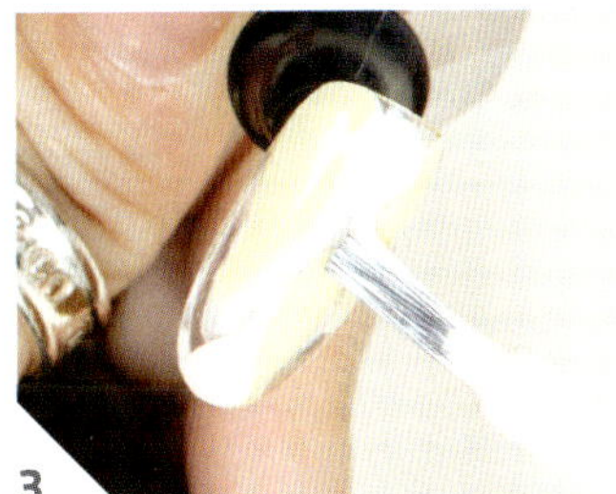

3 C-16 크롬 옐로를 발라주세요.

4 C-17 머스터드 옐로를 발라주세요.

5 팬 브러시로 섞은 후 큐어해주세요.

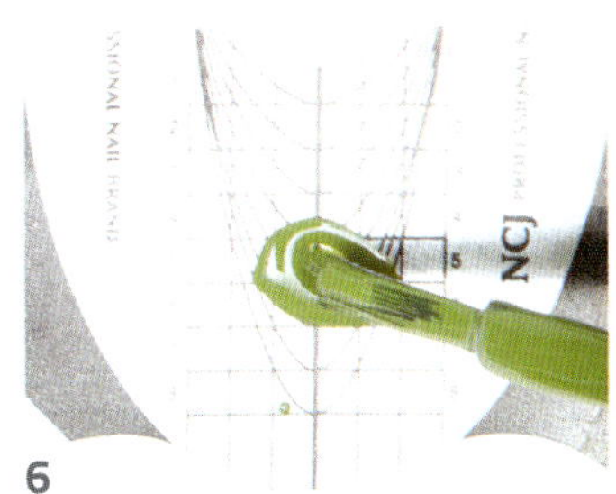

6 C-13 올리브 그린을 젤 팔레트에 덜어내세요.

7 롱 라이너 브러시를 이용해 프렌치를 디자인하고 큐어해주세요.

8 11번 스티커를 붙여주세요.

9 탑젤을 바르고 큐어해주세요.

골드 스터드 라인 아트

⊕ 젤 팔레트, 스펀지,
골드 라운드 스터드,
파츠, 글루, 핀셋

1

프리퍼레이션 후 베이스젤을 전체적으로 바르고 큐어해
주세요.

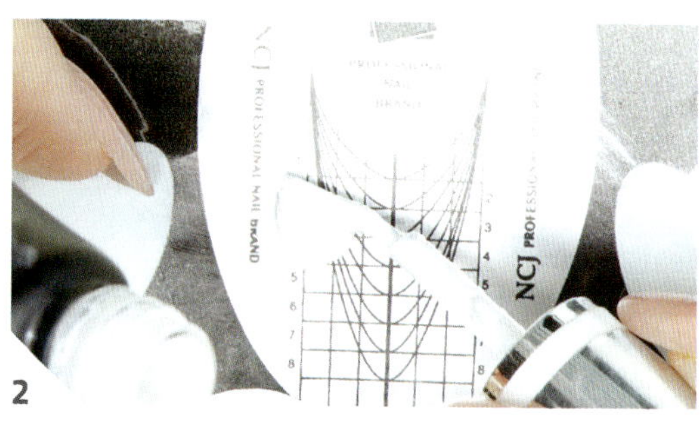

2

C-01 화이트를 젤 팔레트에 덜어내세요.

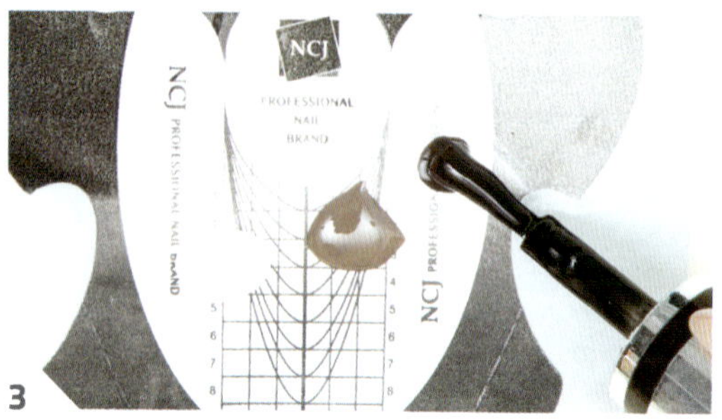

3

C-29 라이트 브라운과 C-20 블랙을 젤 팔레트에 덜어
내세요.

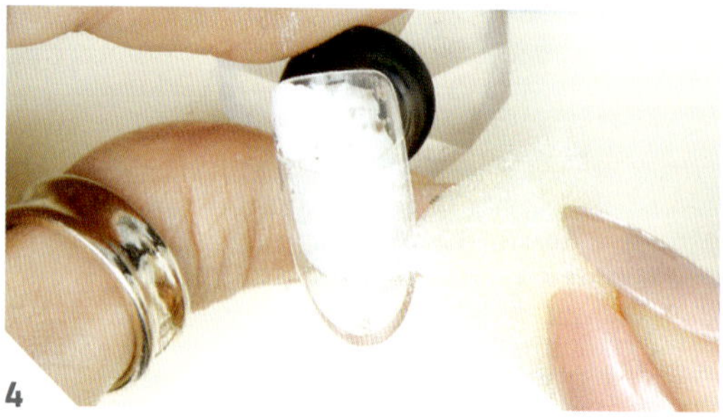

4

스펀지를 이용해 C-01 화이트를 손톱 위에 두드려주
세요.

5

스펀지를 이용해 C-29 라이트 브라운을 손톱 위에
두드려주세요.

6

스펀지를 이용해 C-20 블랙을 손톱 위에 두드려주
세요.

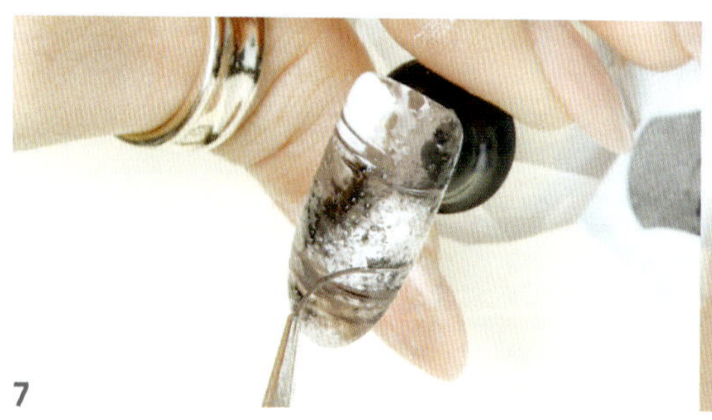

7

롱 라이너 브러시로 라인을 그리고 큐어해주세요

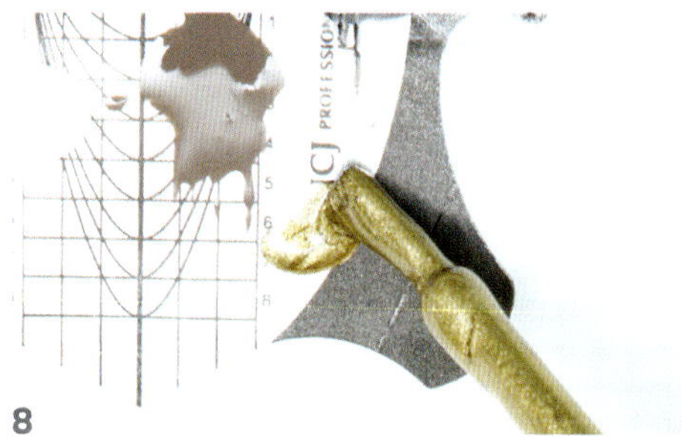

8

P-16 메탈릭 골드를 젤 팔레트에 덜어내세요.

9

롱 라이너 브러시로 라인을 그리고 큐어해주세요.

10

탑젤을 발라주세요.

11

골드 라운드 스터드를 장식하고 큐어해주세요.

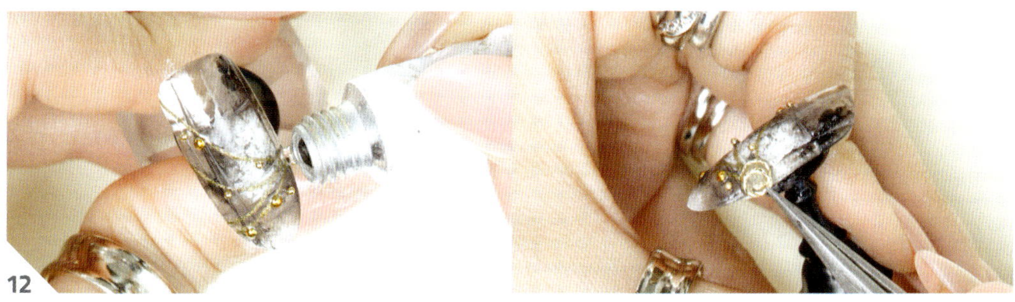

12

글루를 바르고 파츠를 장식해주세요.

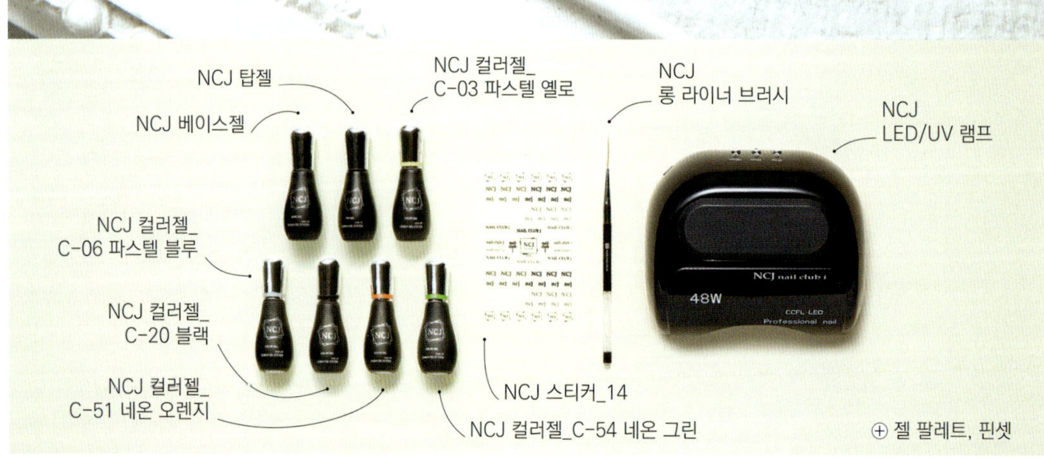

Multi-colored NCJ Art

멀티 컬러 NCJ 아트

1 프리퍼레이션 후 베이스젤을 전체적으로 바르고 큐어해주세요.

2 C-03 파스텔 옐로를 전체적으로 바르고 큐어해주세요.

3 C-06 파스텔 블루를 부분적으로 발라주세요.

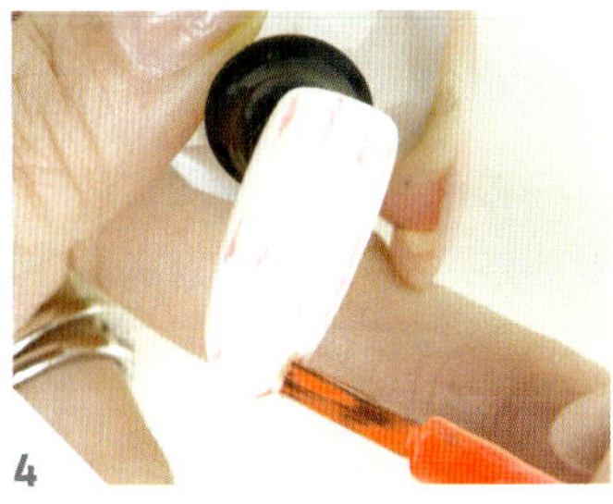

4 C-51 네온 오렌지를 부분적으로 발라주세요.

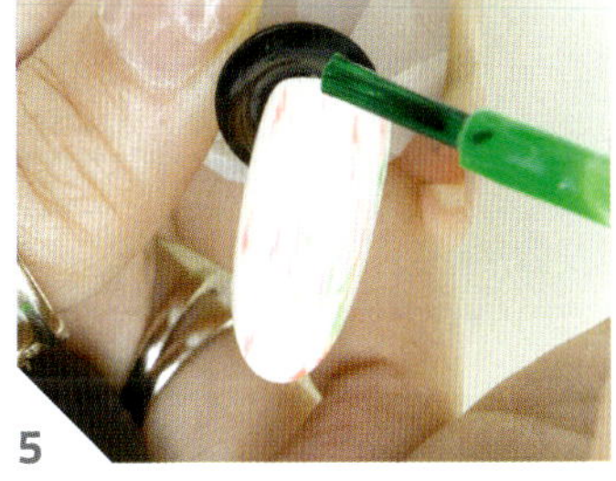

5 C-54 네온 그린을 부분적으로 발라주세요.

6 C-20 블랙을 부분적으로 바르고 큐어해주세요.

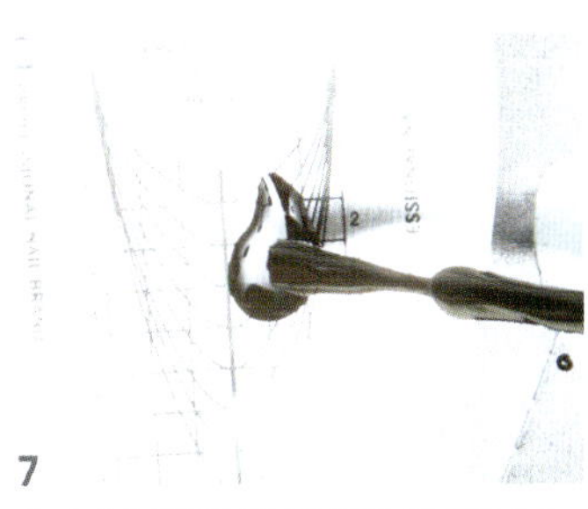

7 C-20 블랙을 젤 팔레트에 덜어내세요.

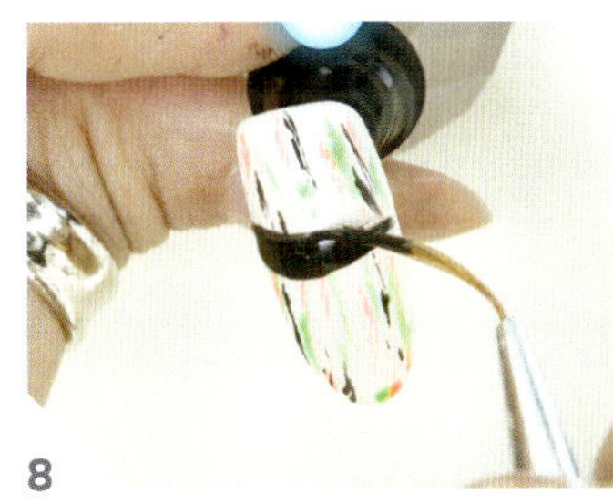

8 롱 라이너 브러시를 이용해 중앙에 띠를 그리고 큐어해주세요.

9 14번 스티커를 붙여주세요.

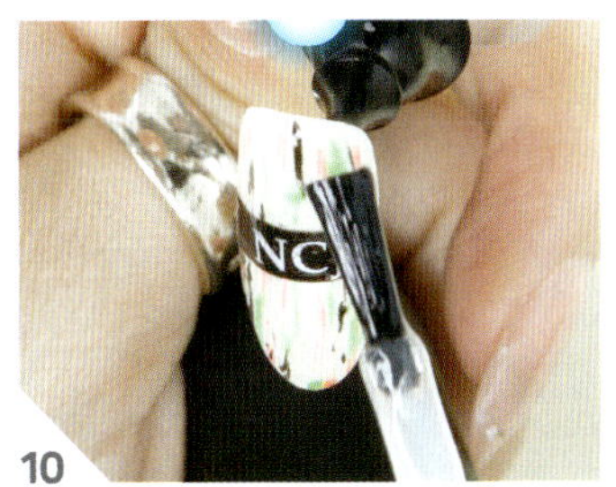

10 탑젤을 바르고 큐어해주세요.

멀티 컬러 스크래치 아트

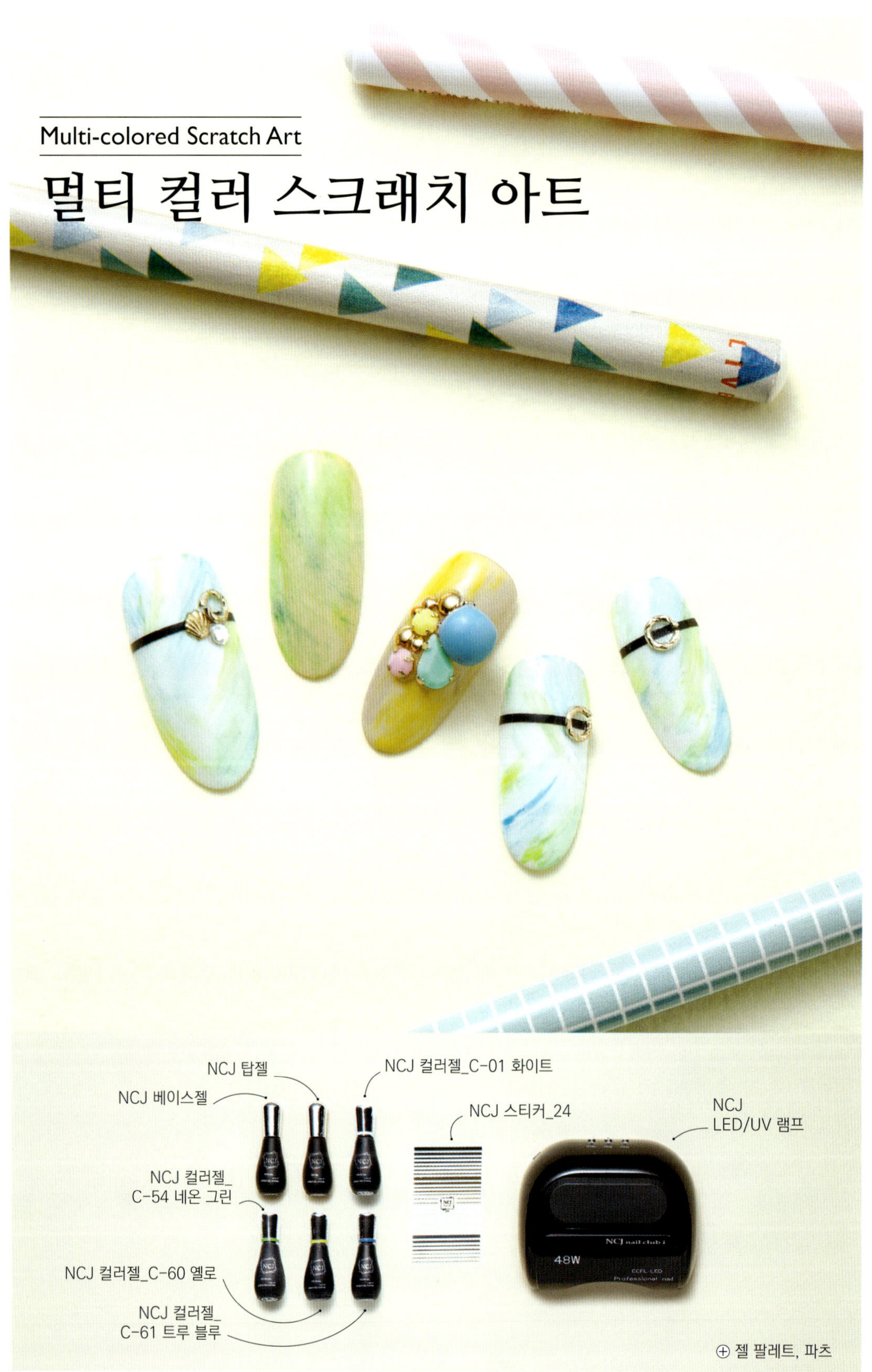

⊕ 젤 팔레트, 파츠

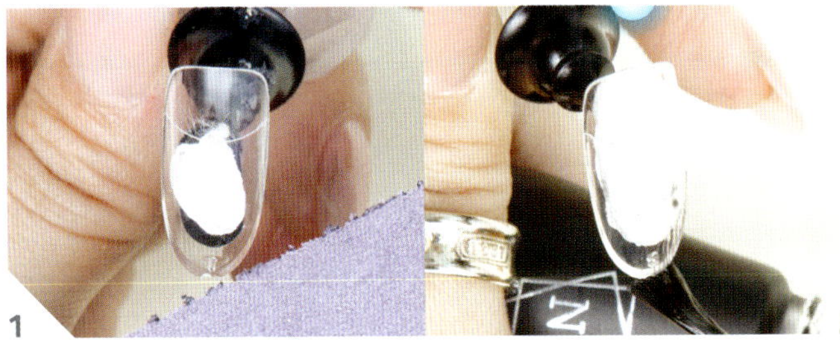

1 프리퍼레이션 후 베이스젤을 전체적으로 바르고 큐어해주세요.

2 C-01 화이트를 전체적으로 바르고 큐어해주세요.

3 베이스젤을 한 번 더 전체적으로 발라주세요.

4 C-60 옐로로 자연스럽게 스크래치를 주세요.

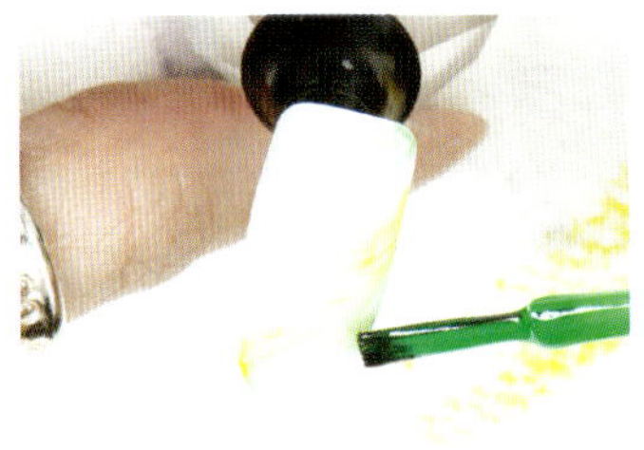

5 C-54 네온 그린으로 자연스럽게 스크래치를 주세요.

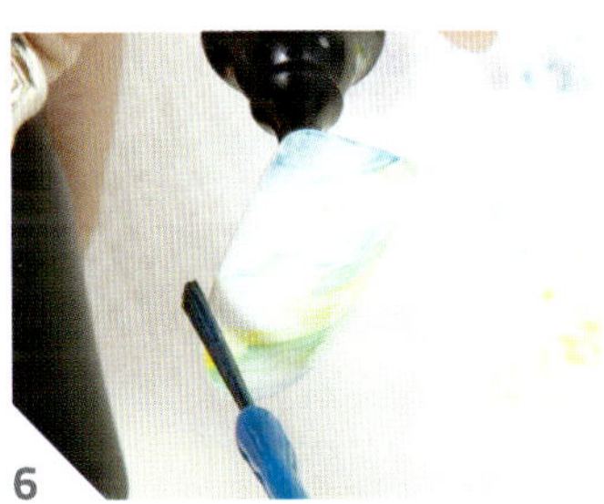

6 C-61 트루 블루로 자연스럽게 스크래치를 주세요.

7 베이스젤로 진한 부분의 경계를 없애주고 큐어해주세요.

8 24번 스티커를 붙여주세요.

9 탑젤을 발라주세요.

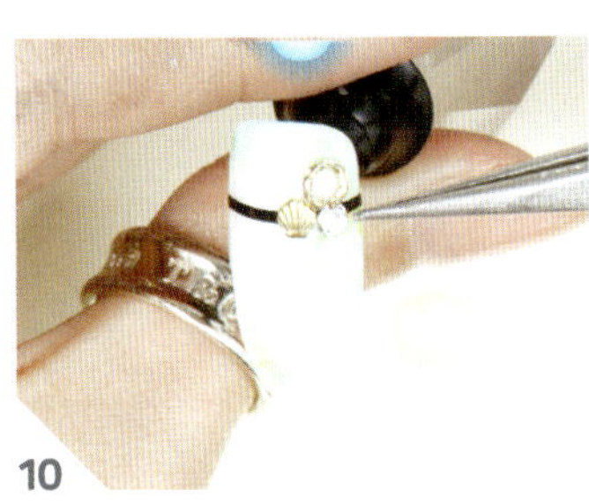

10 파츠를 장식하고 큐어해주세요.

멀티 컬러 트위드 니트 텍스처 아트

1
프리퍼레이션 후 베이스젤을 전체
적으로 바르고 큐어해주세요.

2
C-01 화이트를 전체적으로 바르고
큐어해주세요.

3
C-60 옐로 브러시의 젤을 소량만
남긴 후 불규칙적으로 발라주세요.

4
C-59 오렌지 브러시의 젤을 소량
만 남긴 후 불규칙적으로 발라주
세요.

5 C-06 파스텔 블루 브러시의
젤을 소량만 남긴 후 불규칙적으로
발라주세요.

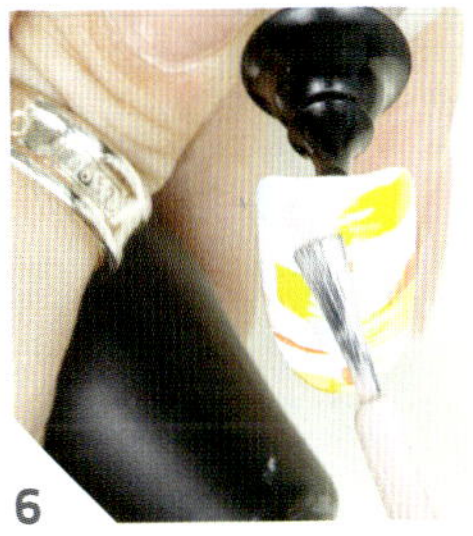

6
C-08 누드 브러시의 젤을 소량만
남긴 후 불규칙적으로 발라주세요.

7
C-30 블루 그린 브러시의 젤을
소량만 남긴 후 불규칙적으로 발라
주세요.

8
C-23 바이올렛 블루 브러시의
젤을 소량만 남긴 후 불규칙적으로
바르고 큐어해주세요.

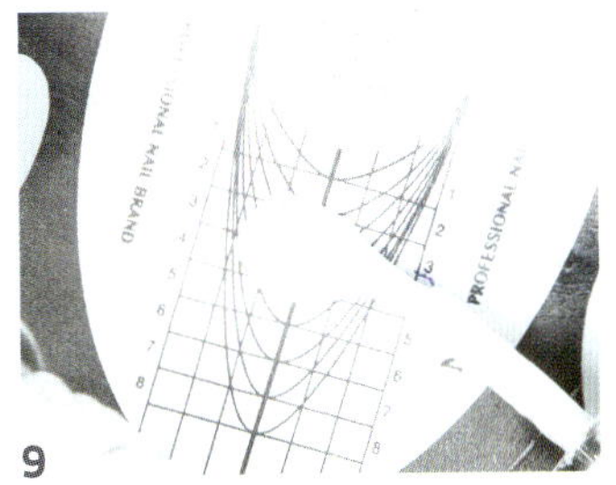

9
C-01 화이트를 젤 팔레트에 덜어
내세요.

10
롱 라이너 브러시를 이용해 입체감이
느껴지도록 가로로 길게 라인들을
그리고 큐어해주세요.

11
스펀지를 이용해 탑젤을 표면에
찍어주듯 바르고 큐어해주세요.

네일에
자연을 담다

#자연

실크 텍스처 플라워 아트

NCJ 컬러젤_
C-61 트루 블루
NCJ 컬러젤_
C-23 블루
NCJ
라운드 브러시
NCJ
라이너 브러시
NCJ
LED/UV 램프
NCJ 베이스젤
NCJ 탑젤
NCJ 컬러젤_
C-01 화이트
실크 가위
실크
⊕ 젤 팔레트, 핀셋,
골드 라운드 스터드

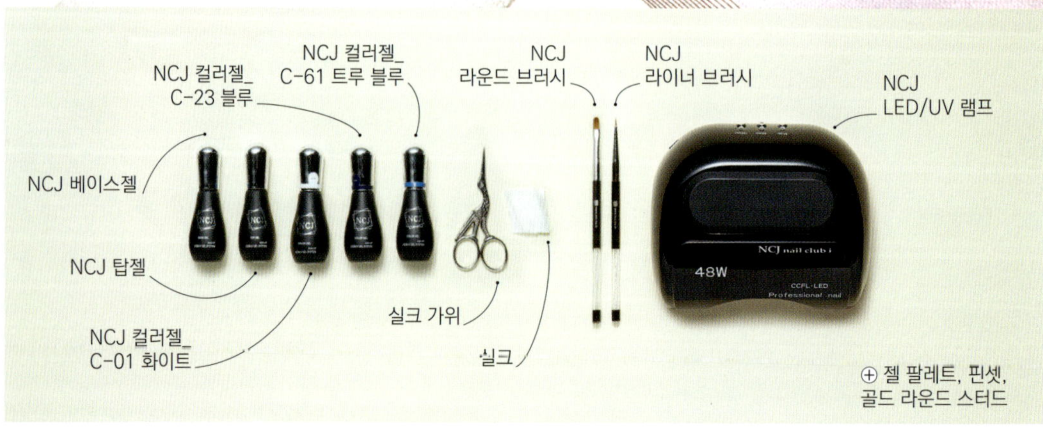

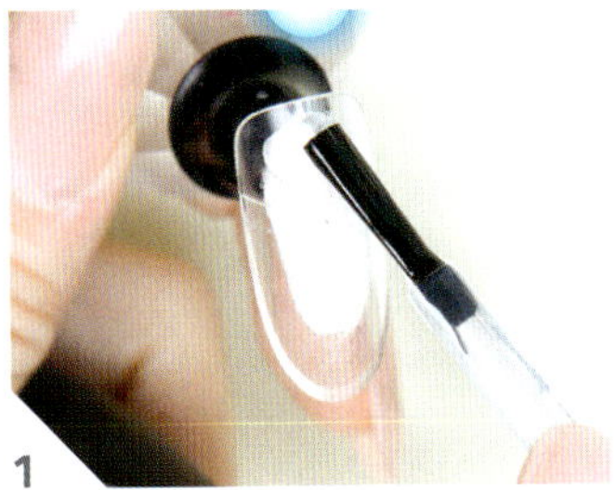

1

프리퍼레이션 후 베이스젤을 전체
적으로 바르고 큐어해주세요.

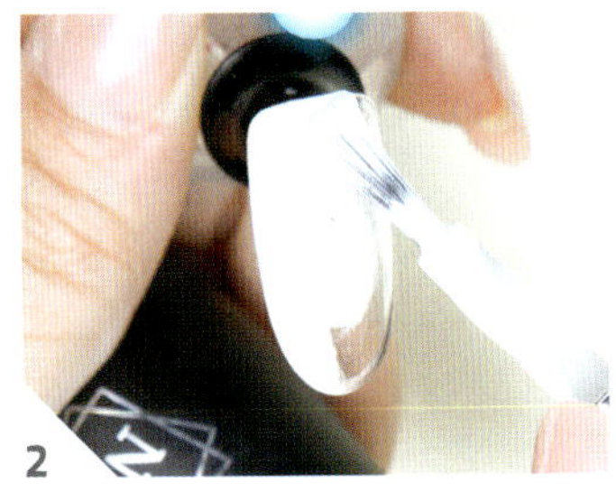

2

C-01 화이트를 전체적으로 바른
후 큐어해주세요.

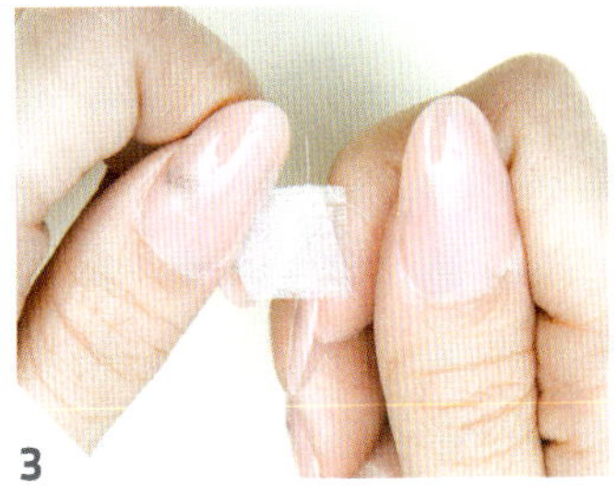

3

실크 가위를 이용해 실크를 재단하
고 실크를 떼어 올을 풀어주세요.

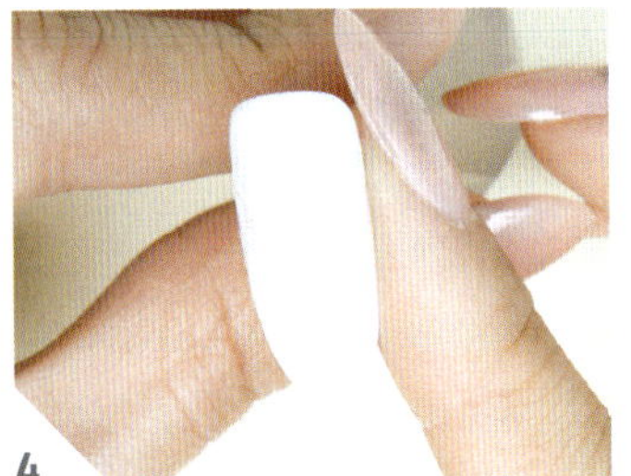

4

실크를 팁 위에 붙여주세요.

5

C-61 트루 블루와 C-23 블루를
젤 팔레트에 덜어주세요.

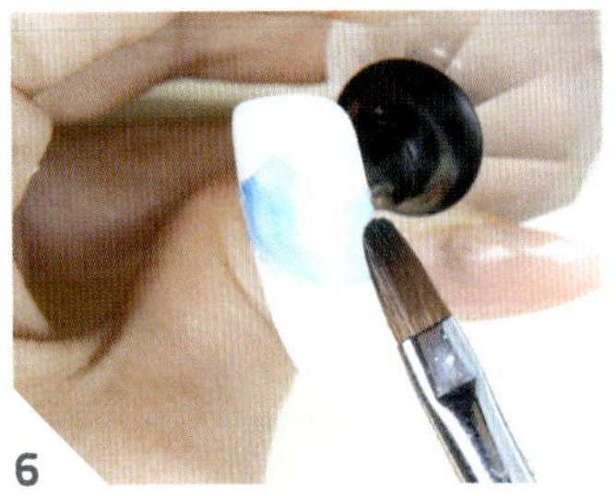

6

C-61 트루 블루를 라운드 브러시를
이용해 실크 위에 두드리듯 발라주
세요.

7

C-23 블루를 라운드 브러시를
이용해 실크 위에 두드리듯 발라주
세요.

8

C-23 블루를 라이너 브러시를
이용해 실크의 경계 부분에 자연스
럽게 라인을 그린 후 큐어해주세요.

9

C-23 블루를 라이너 브러시를
이용해 섞은 다음 꽃잎의 라인을
그려주세요.

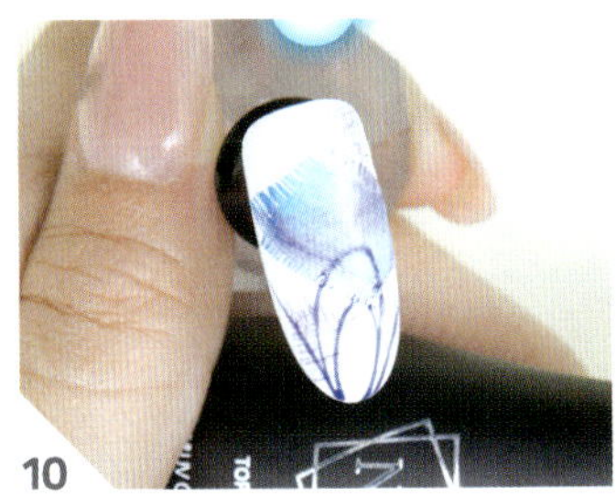

10

C-61 트루 블루를 라이너 브러시를
이용해 섞은 다음 꽃잎의 라인을
그린 후 큐어해주세요.

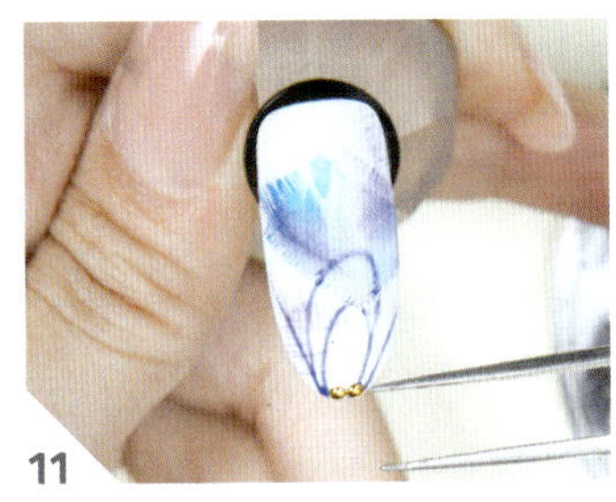

11

탑젤을 발라주세요.

12

골드 라운드 스터드를 장식한 후
큐어해주세요.

파스텔 워터컬러 플라워 아트

1

프리퍼레이션 후 베이스젤을 전체적으로 바르고 큐어해주세요.

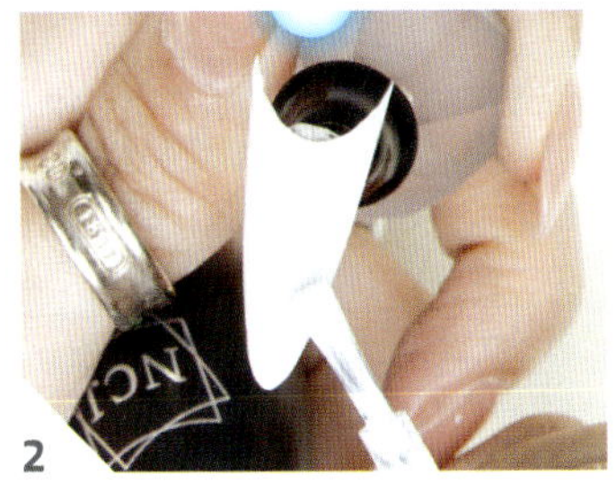

2

C-01 화이트를 전체적으로 바르고 큐어해주세요.

3

C-01 화이트를 한 번 더 발라주세요.

4

C-60 옐로의 브러시에 묻은 젤을 소량만 남기고 닦아낸 후 손톱에 떨어뜨려 주세요.

5

C-58 핫 핑크의 브러시에 묻은 젤을 소량만 남기고 닦아낸 후 손톱에 떨어뜨려 주세요.

참고하세요! 브러시는 사용 후 페이퍼 타월에 잘 닦아주세요.

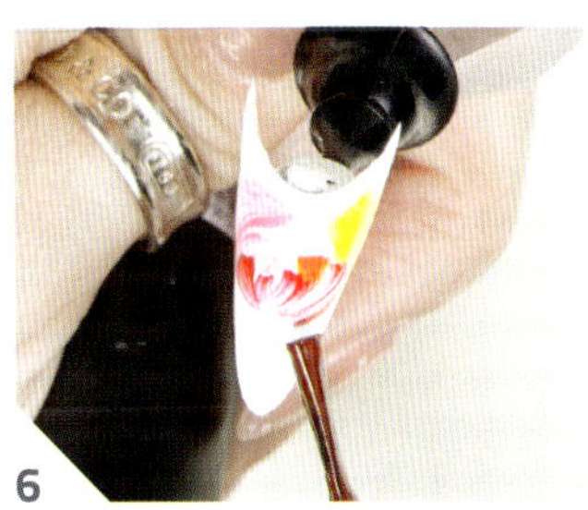

6

C-59 오렌지와 C-25 레드의 브러시에 묻은 젤을 소량만 남기고 닦아낸 후 손톱에 떨어뜨려 주세요.

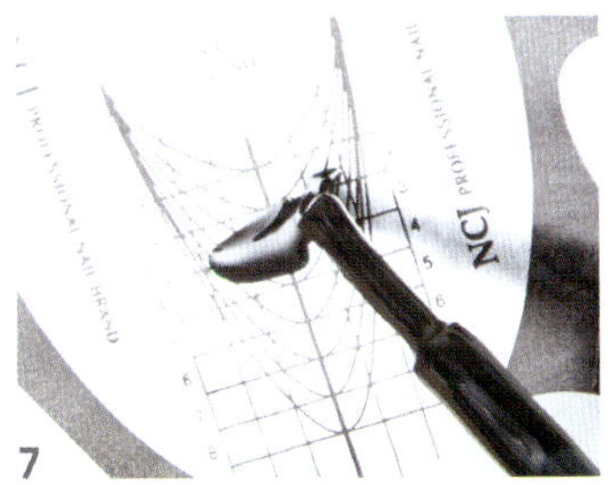

7

C-22 다크 그린을 젤 팔레트에 덜어내세요.

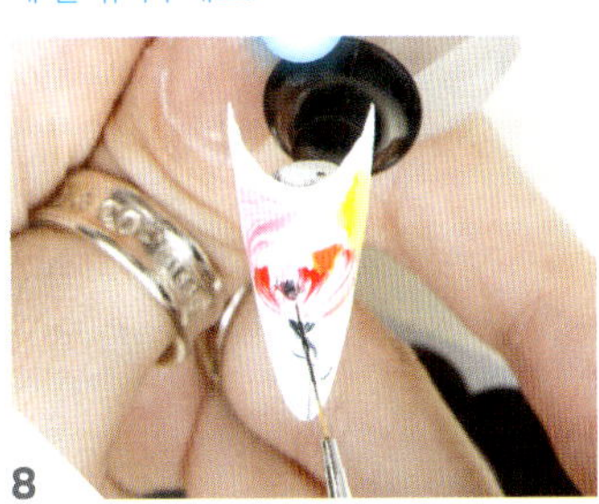

8

롱 라이너 브러시를 이용해 C-22 다크 그린으로 줄기를 그리고 큐어해주세요.

9

탑젤을 바르고 큐어해주세요.

Black Rose Marble Art

블랙 로즈 마블 아트

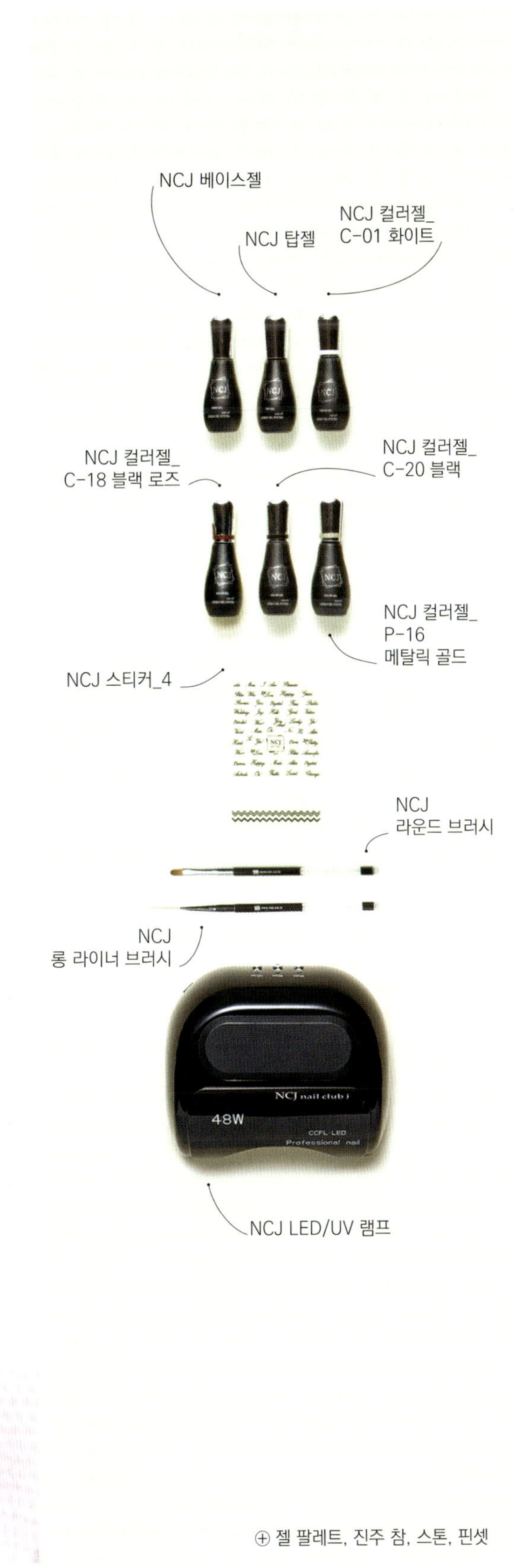

⊕ 젤 팔레트, 진주 참, 스톤, 핀셋

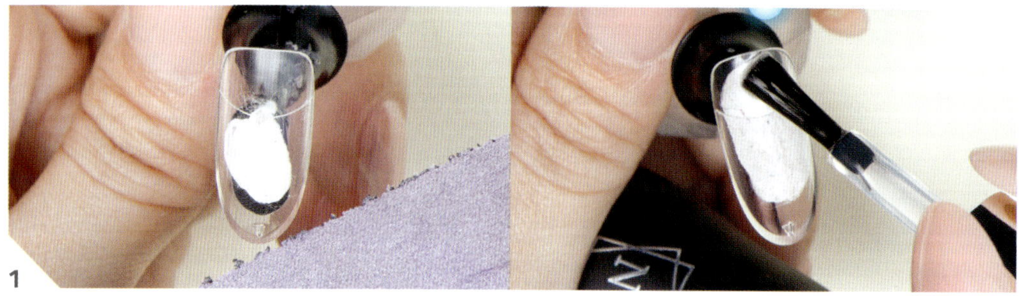

1

프리퍼레이션 후 베이스젤을 전체적으로 바르고 큐어해주세요.

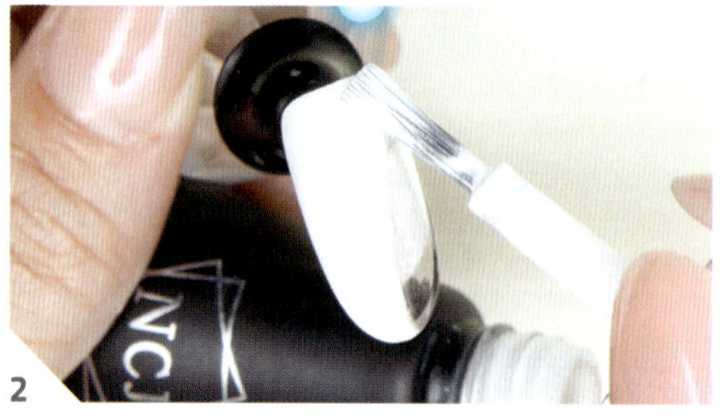

2

C-01 화이트를 전체적으로 바른 후 큐어해주세요.

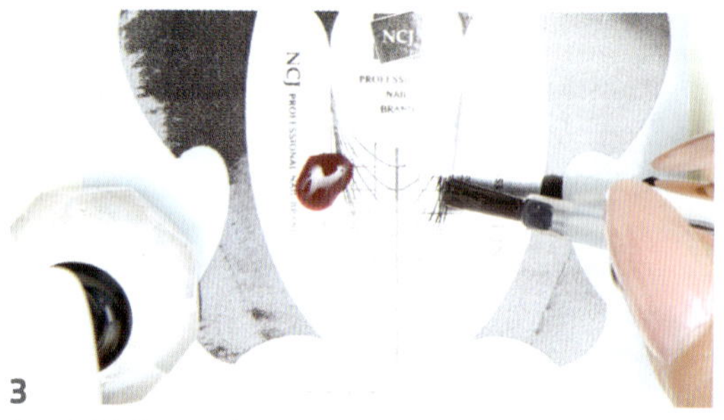

3

C-18 블랙 로즈와 베이스젤을 젤 팔레트에 덜어내세요.

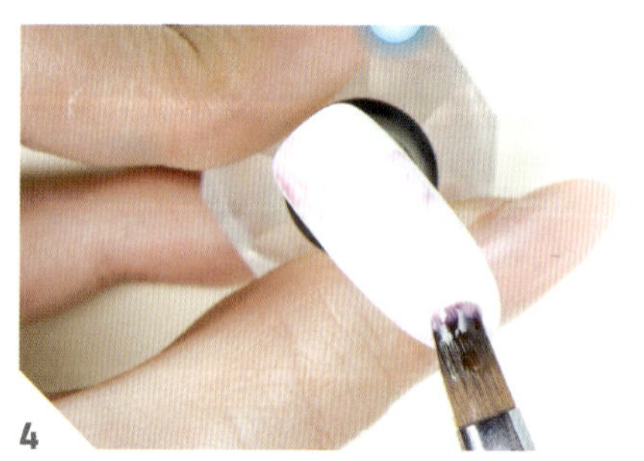

4

C-18 블랙 로즈와 베이스젤을 섞은 다음 라운드 브러시를 이용해 꽃잎의 틀을 만들어주고 큐어해주세요.

5

한 번 더 바른 다음 C-18 블랙 로즈의 라인을 그린다.

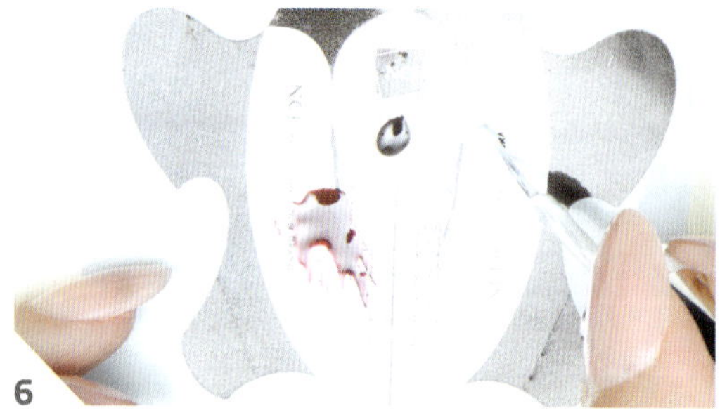

6

C-01 화이트와 C-20 블랙을 젤 팔레트에 덜어내세요

7

C-18 블랙 로즈와 C-20 블랙을 섞어 꽃 위에 라인을 그려주세요.

8

C-01 화이트를 이용해 라인을 그린 후 큐어해주세요.

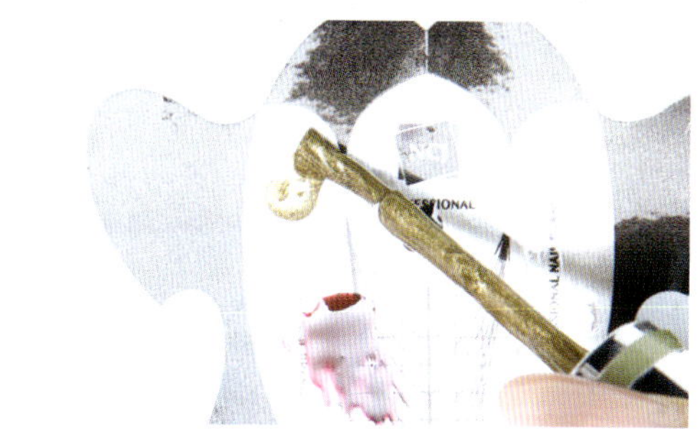

9

P-16 메탈릭 골드를 젤 팔레트에 덜어내세요.

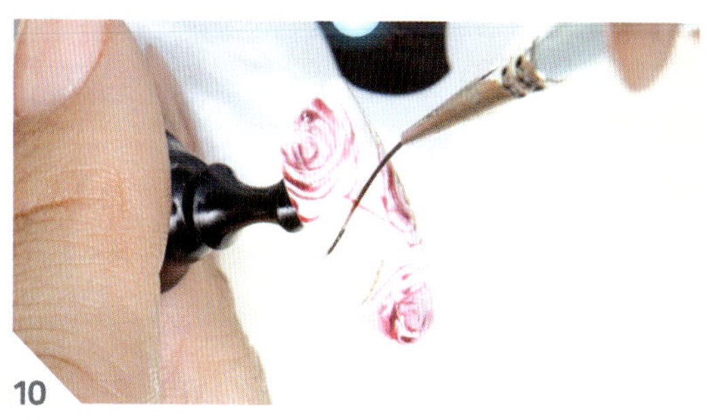

10

전체적으로 라인을 그린 다음 큐어해주세요.

11

4번 스티커를 꽃잎 사이에 붙여주세요.

12

탑젤을 발라주세요.

13

진주 참과 스톤을 장식한 후 큐어해주세요.

Vivid Yellow Graphic Flower Art

비비드 옐로 그래픽 플라워 아트

1

프리퍼레이션 후 베이스젤을 전체
적으로 바르고 큐어해주세요.

2

C-01 화이트를 전체적으로 바르고
큐어해주세요.

3

C-60 옐로와 C-03 파스텔 옐로를
젤 팔레트에 덜어낸 후 섞어주세요.

4

라운드 브러시를 이용해 꽃잎 세 개를
그리고 큐어해주세요.

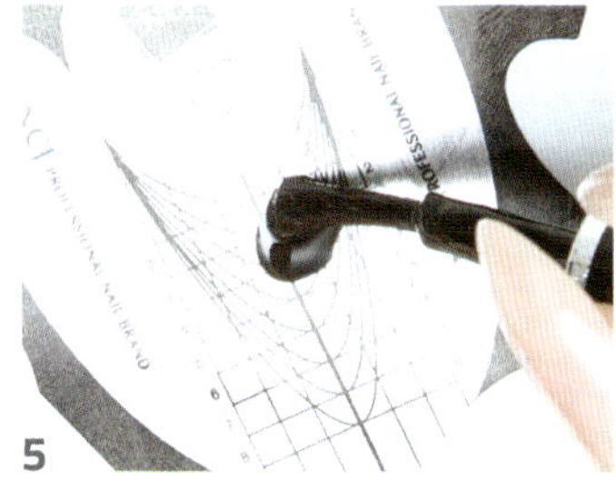

5

C-20 블랙을 젤 팔레트에 덜어내
세요.

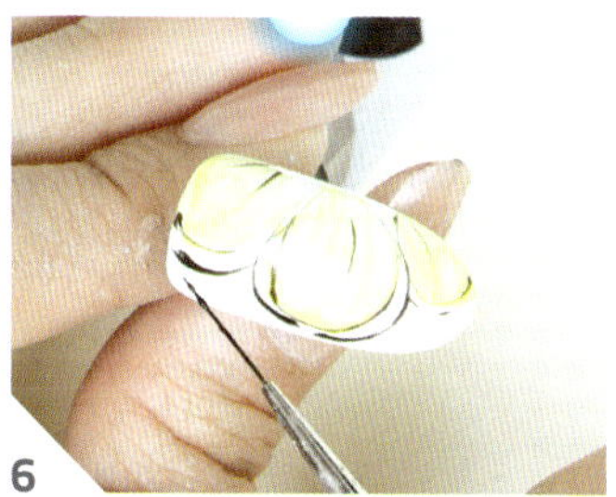

6

롱 라이너 브러시를 이용해 꽃잎의
테두리를 그리고 큐어해주세요.

7

탑젤을 바르고 큐어해주세요.

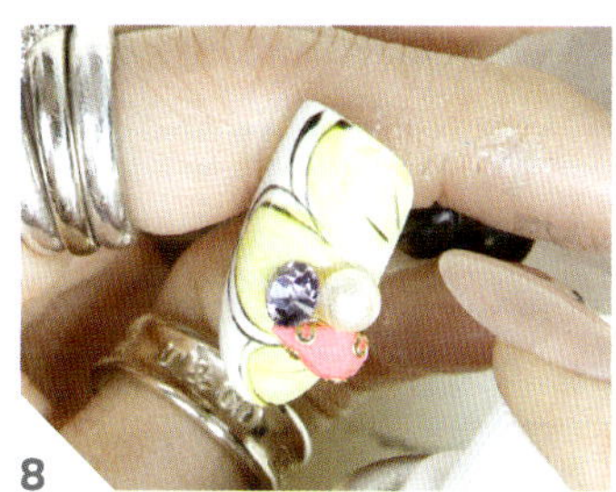

8

글루를 바르고 스톤을 장식한 후
글루 드라이를 뿌려주세요.

멀티 글리터 라인 플라워 아트

1

프리퍼레이션 후 베이스젤을 전체적으로 바르고 큐어해주세요.

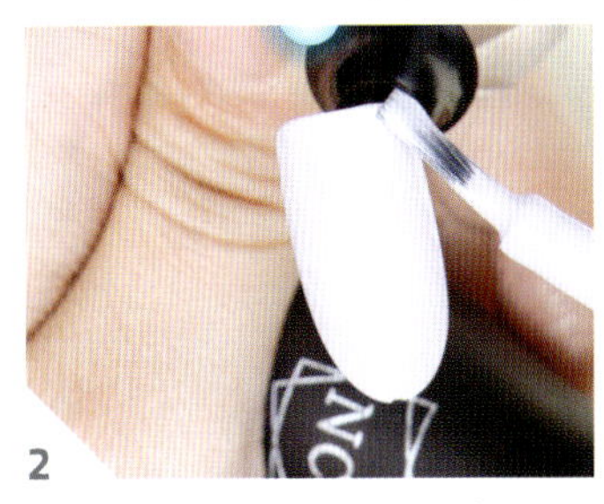

2

C-07 파스텔 퍼플을 전체적으로 바른 후 큐어해주세요.

3

G2-25 플라워를 이용해 꽃잎을 디자인해주세요.

4

G2-24 플라워 파우더를 이용해 꽃잎을 디자인한 후 큐어해주세요.

5

G2-26 코튼 캔디를 이용해 수술을 디자인한 후 큐어해주세요.

6

C-20 블랙을 젤 팔레트에 덜어내세요.

7

롱 라이너 브러시를 이용해 C-20 블랙으로 꽃잎 주변에 라인을 그린 후 큐어해주세요.

8

롱 라이너 브러시를 이용해 꽃잎 사이에 라인을 그린 후 큐어해주세요.

9

탑젤을 전체적으로 바른 후 큐어해주세요.

Pink Marble Rose Art

핑크 마블 로즈 아트

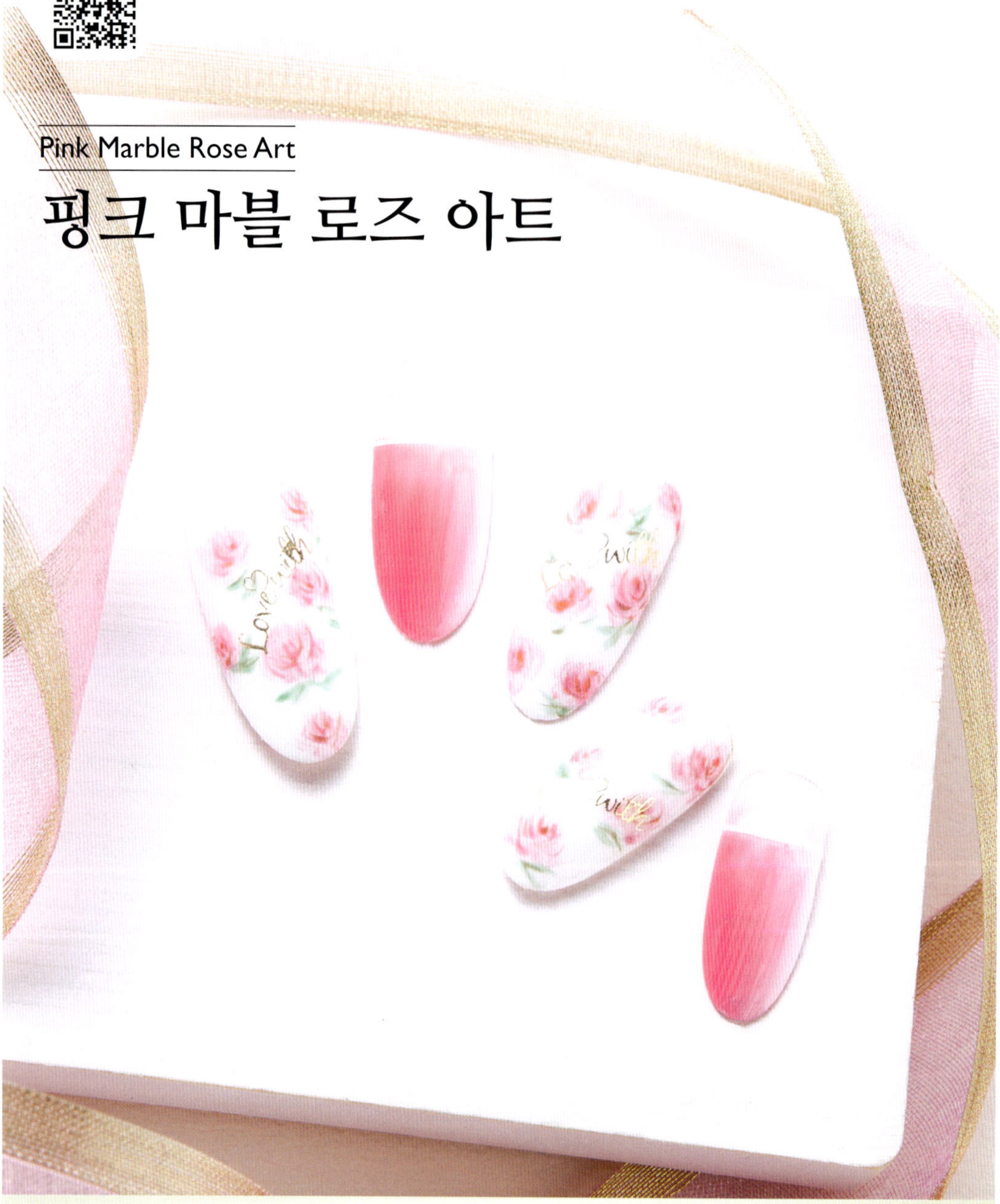

⊕ 젤 팔레트, 핀셋

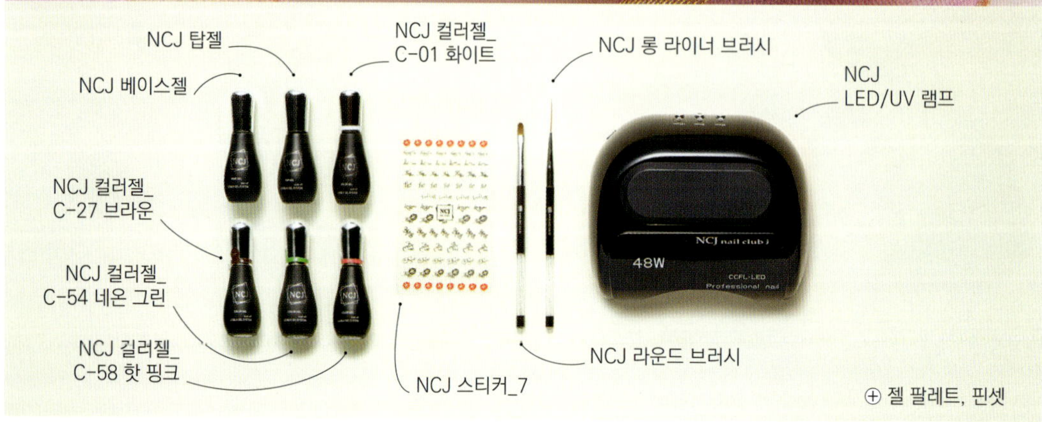

1
프리퍼레이션 후 베이스젤을 전체적으로 바르고 큐어해주세요.

2
C-01 화이트를 전체적으로 바르고 큐어해주세요.

3
C-58 핫 핑크, C-54 네온 그린, C-27 브라운, 베이스젤을 젤 팔레트에 덜어내세요.

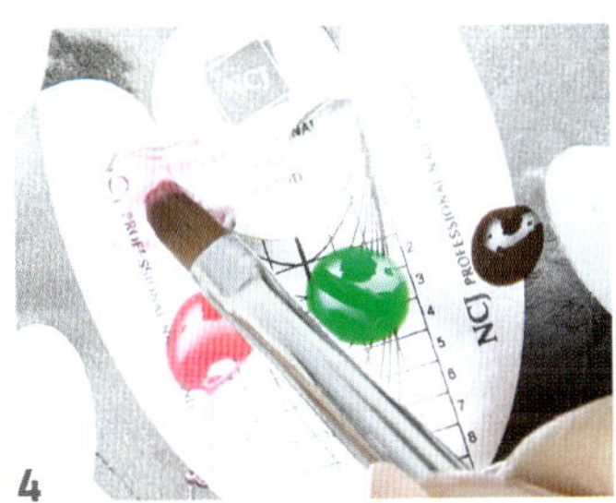

4
라운드 브러시를 이용해 베이스젤과 C-58 핫 핑크를 섞어 꽃잎을 그려주세요.

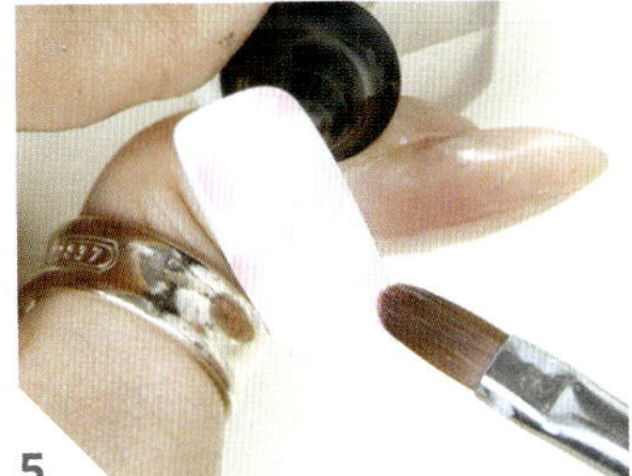

5
라운드 브러시를 이용해 C-58 핫 핑크로 꽃잎 안에 라인을 그려주세요.

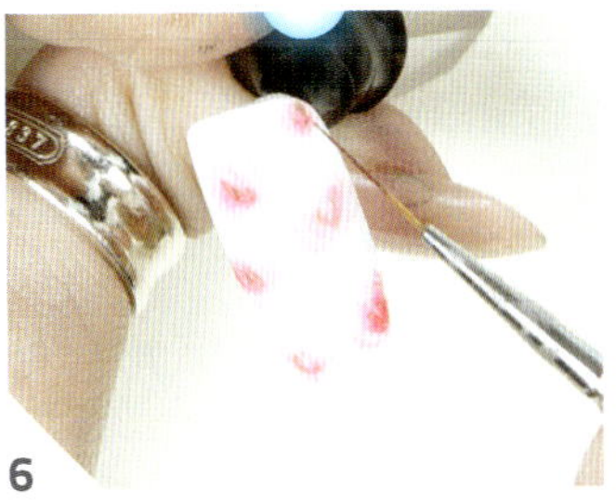

6
롱 라이너 브러시를 이용해 C-27 브라운으로 꽃잎 안에 라인을 그리고 큐어해주세요.

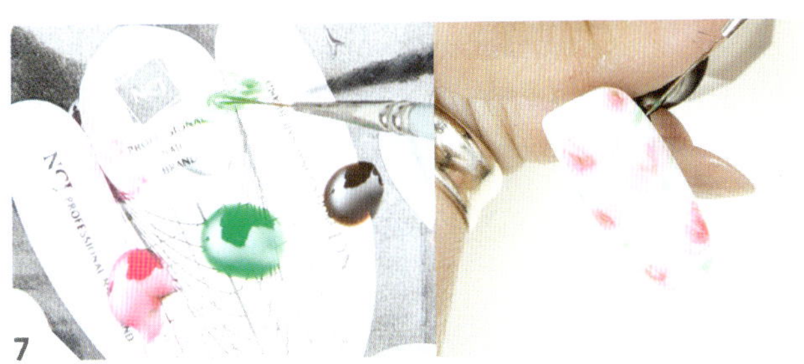

7
롱 라이너 브러시를 이용해 C-54 네온 그린을 베이스젤과 섞어 잎을 그려주세요.

8
롱 라이너 브러시를 이용해 C-54 네온 그린과 C-27 브라운을 섞어 잎에 라인을 그리고 큐어해주세요.

9
7번 스티커를 붙여주세요.

10
탑젤을 바르고 큐어해주세요.

마블 로즈 스톤 아트

NCJ 탑젤
NCJ 컬러젤_
C-01 화이트
NCJ 베이스젤
NCJ
LED/UV 램프
NCJ 컬러젤_
C-19 버건디
NCJ 컬러젤_
C-26 라이트 레드
NCJ 컬러젤_
G-17 라인 골드 펄
48W
NCJ nail club i
CCFL-LED
Professional nail
NCJ 롱 라이너 브러시
⊕ 젤 팔레트, 스톤, 핀셋

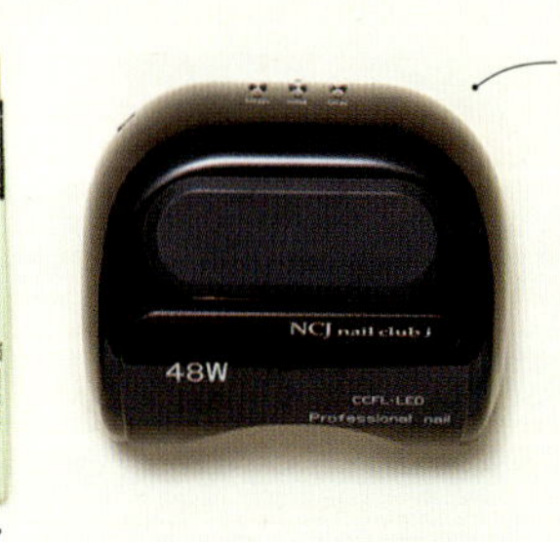

1 프리퍼레이션 후 베이스젤을 전체적으로 바르고 큐어해주세요.

2 C-01 화이트를 전체적으로 바르고 큐어해주세요.

3 C-01 화이트, C-19 버건디, G-17 라인 골드 펄을 젤 팔레트에 덜어내세요.

4 C-01 화이트를 발라주세요.

6 C-26 라이트 레드를 손톱의 아래와 위에 둥글게 발라주세요.

7 롱 라이너 브러시를 이용해 C-19 버건디로 둥글게 바른 부분 위에 바르고 C-01 화이트를 중간 중간에 넣어 마블을 시켜주세요.

8 롱 라이너 브러시를 이용해 꽃잎의 바깥쪽으로 서서히 선을 넓혀 마블을 시켜주고 큐어해주세요.

9 롱 라이너 브러시를 이용해 G-17 라인 골드 펄로 장미 주변의 여백에 라인을 그리고 큐어해주세요.

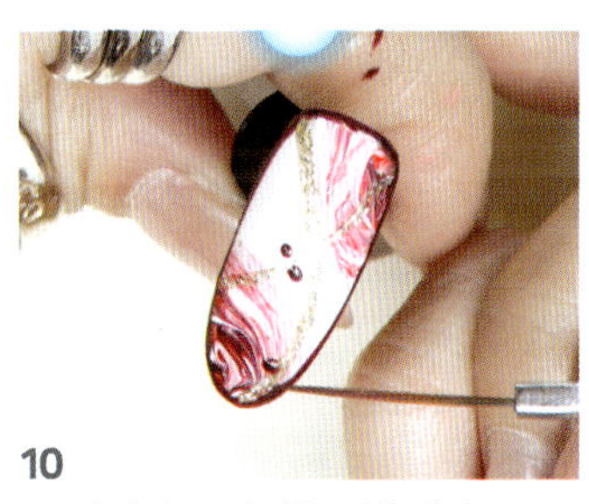

10 롱 라이너 브러시를 이용해 C-19 버건디로 테두리를 그리고 도트를 찍은 후 큐어해주세요.

11 탑젤을 발라주세요.

12 스톤을 장식하고 큐어해주세요.

화이트 엠보 플라워 아트

NCJ
LED/UV 램프
NCJ 베이스젤
NCJ 탑젤
NCJ 컬러젤_
C-20 블랙
NCJ 볼륨젤_
화이트
NCJ 엠보 브러시
⊕ 푸셔, 핀셋,
골드 라운드 스터드

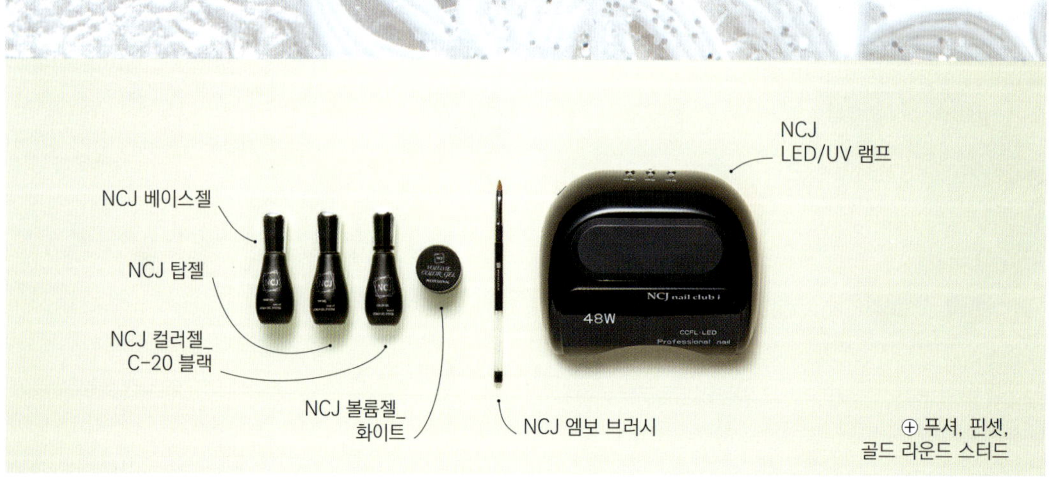

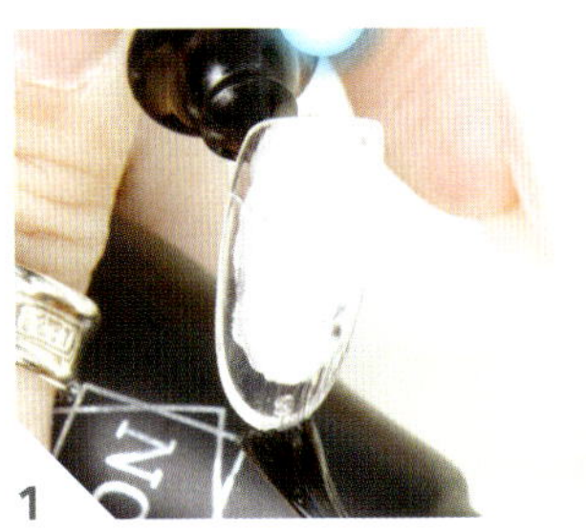

1

프리퍼레이션 후 베이스젤을 전체
적으로 바르고 큐어해주세요.

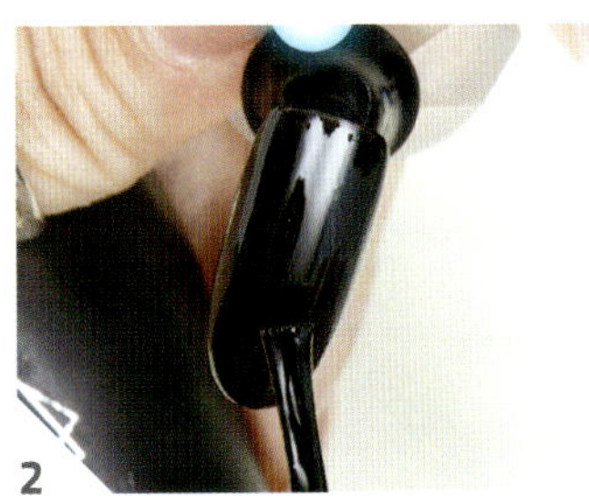

2

C-20 블랙을 전체적으로 바르고
큐어해주세요.

3

푸셔를 이용해 볼륨젤을 손톱 위에
올려주세요.

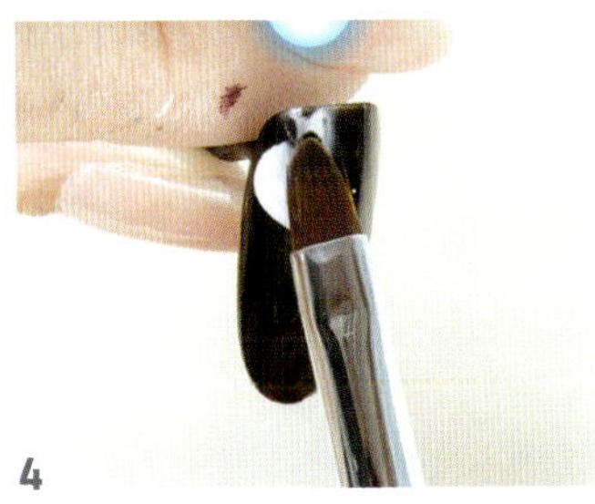

4

엠보 브러시를 이용해 손톱에 올린
볼륨젤을 눌러 꽃잎 형태를 만들고
고정 큐어해주세요.

5

그 옆에 4번 과정을 반복해주세요.

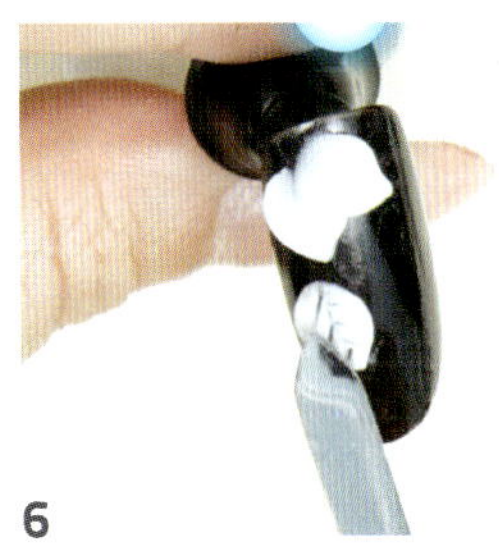

6

푸셔를 이용해 꽃잎의 아랫부분에
볼륨젤을 올려 나뭇잎 형태를 만들
고 고정 큐어해주세요.

7

그 옆에 둥근 잎을 만들고 고정
큐어해주세요.

8

그 위에 더 작은 크기의 잎을 만들
고 고정 큐어해주세요.

9

탑젤을 발라주세요.

10

골드 라운드 스터드를 장식하고 큐
어해주세요.

레이디버그 리프 아트

NCJ 베이스젤
NCJ 탑젤
NCJ 컬러젤_
C-20 블랙
NCJ 컬러젤_
C-30 블루 그린
NCJ 컬러젤_
C-26 라이트 레드
NCJ 컬러젤_
C-55
그라스 그린
NCJ 컬러젤_
C-54
네온 그린
NCJ 컬러젤_
P-17
메탈릭 실버
NCJ 볼륨젤_
화이트
NCJ 스티커_5
NCJ
라운드 브러시
NCJ 롱 라이너
브러시
NCJ LED/UV 램프

⊕ 젤 팔레트, 푸셔, 핀셋

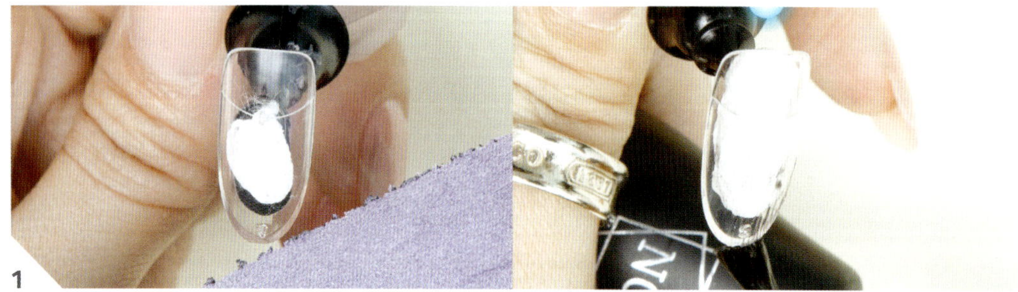

1

프리퍼레이션 후 베이스젤을 전체적으로 바르고 큐어해주세요.

2

P-17 메탈릭 실버를 전체적으로 바르고 큐어해주세요.

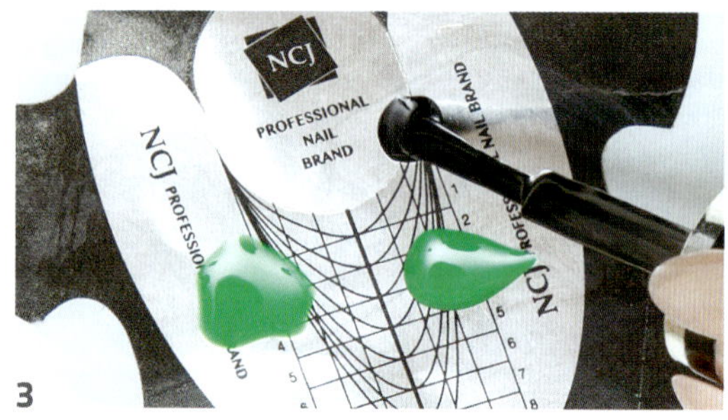

3

C-55 그라스 그린, C-54 네온 그린, C-20 블랙을
젤 팔레트에 덜어내세요.

4

롱 라이너 브러시를 이용해 C-54 네온 그린을 나뭇잎
형태로 그리고 큐어해주세요.

5

롱 라이너 브러시를 이용해 C-55 그라스 그린으로
잎맥을 그려주세요.

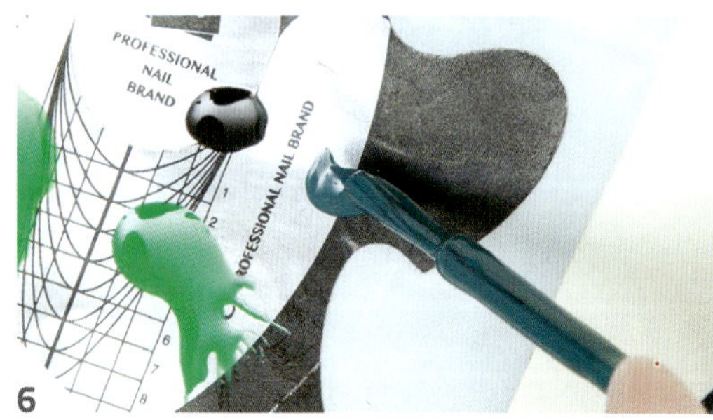

6

C-30 블루 그린을 젤 팔레트에 덜어내세요.

7

롱 라이너 브러시를 이용해 이파리 디테일을 그려주세요.

8

볼륨젤 화이트를 푸셔로 떠주세요.

9

푸셔를 이용해 나뭇잎 위에 동그랗게 올리고 큐어해주세요.

10

5번 스티커를 붙여주세요.

11

무당벌레 부분에 C-26 라이트 레드를 바르고 큐어해주세요.

12

C-20 블랙으로 무당벌레의 패턴을 그리고 큐어해주세요.

13

탑젤을 바르고 큐어해주세요.

Gray Half-French Stone Art

그레이 하프 프렌치 스톤 아트

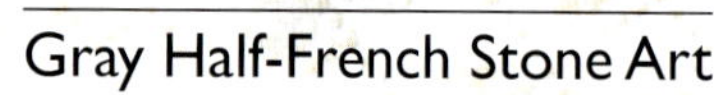

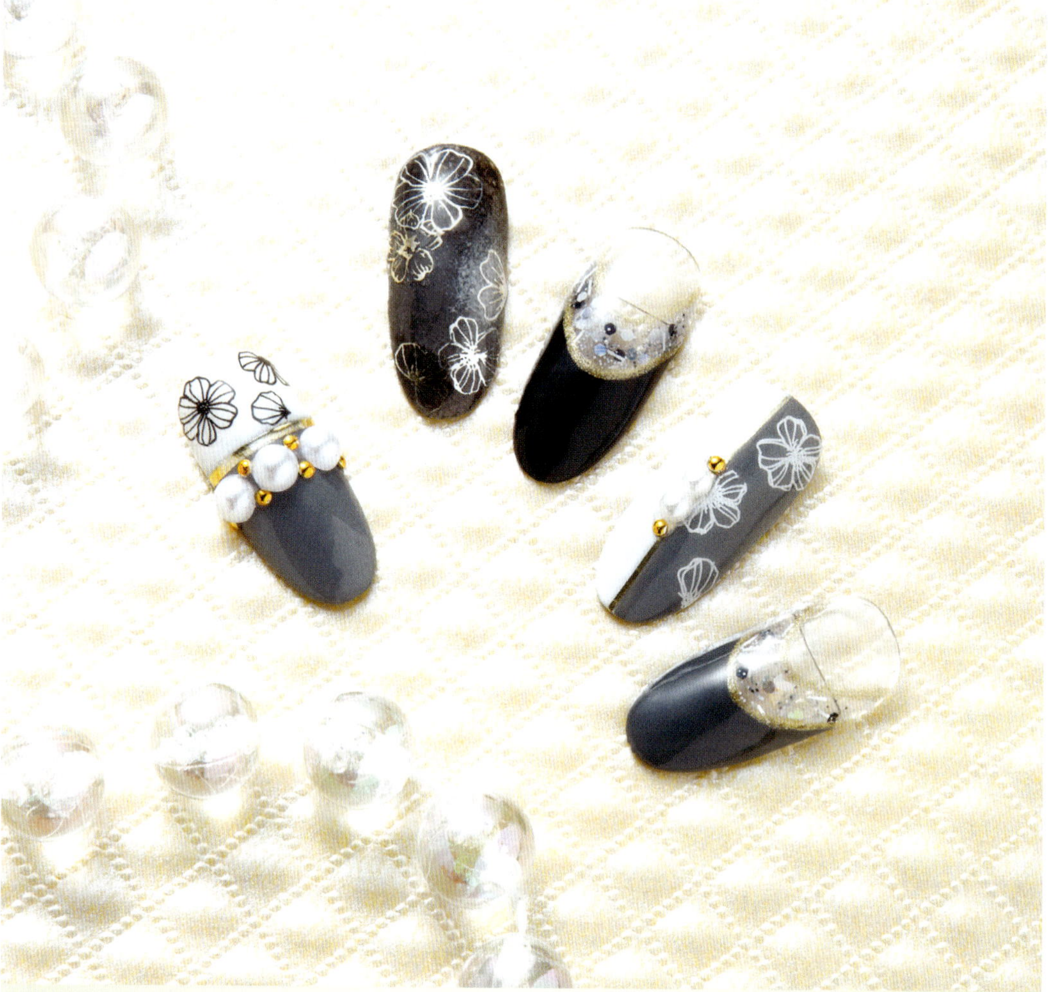

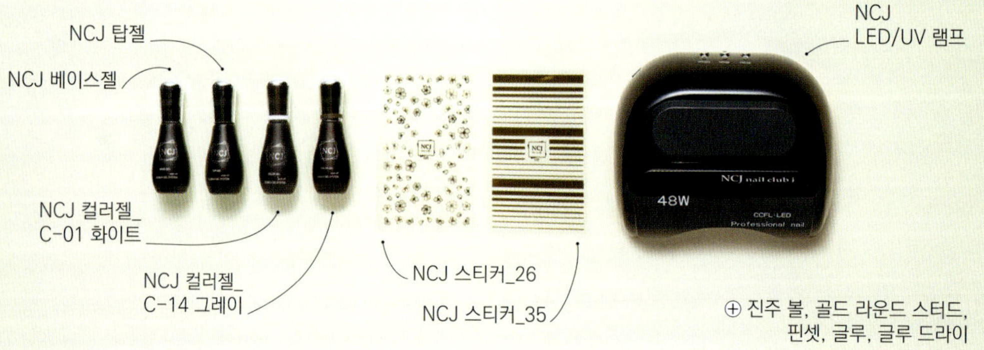

1

프리퍼레이션 후 베이스젤을 전체적으로 바르고 큐어해주세요.

2

C-01 화이트를 전체적으로 바르고 큐어해주세요.

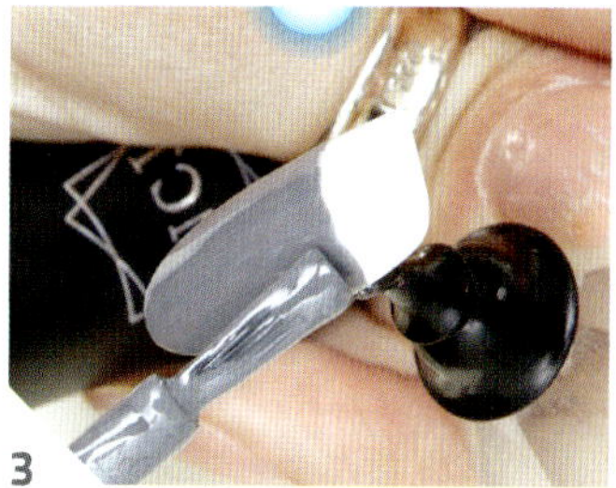

3

C-14 그레이로 하프 프렌치를 디자인하고 큐어해주세요.

4

26번 스티커를 화이트 부분에 붙여주세요.

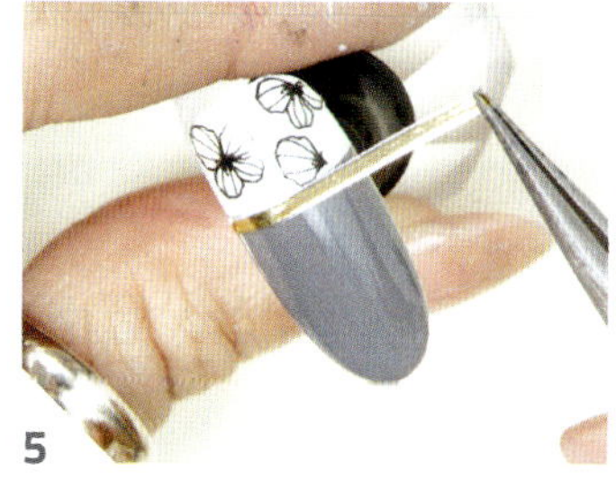

5

35번 스티커를 스마일 라인에 붙여주세요.

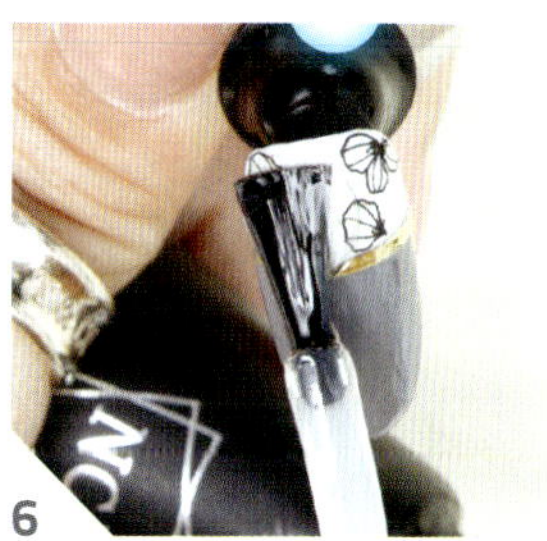

6

탑젤을 바르고 큐어해주세요.

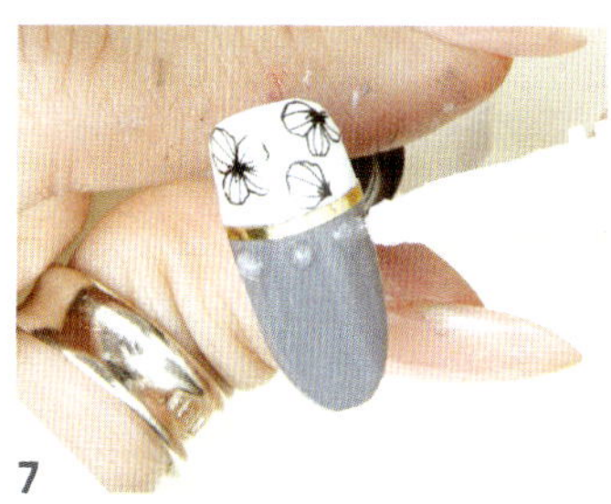

7

글루를 발라주세요.

8

진주 볼을 올리고 글루 드라이를 뿌려주세요.

9

탑젤을 한 번 더 발라주세요.

참고하세요! 두께감 있는 스톤을 장식할 때 탑젤을 발라 유지 기간을 잡아주고 골드 스터드 같은 경우에는 백화현상 없이 깨끗하게 연출할 수 있습니다.

10

골드 라운드 스터드를 올리고 큐어해주세요.

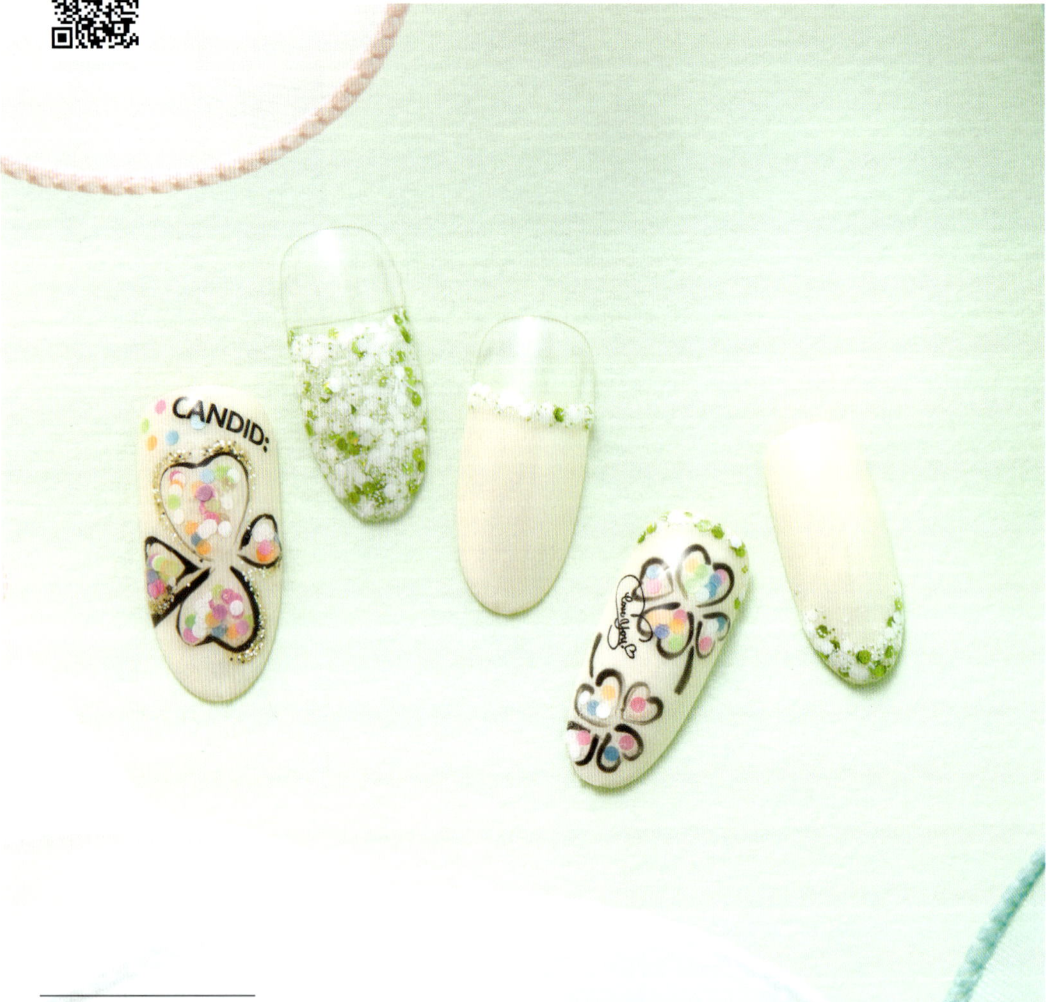

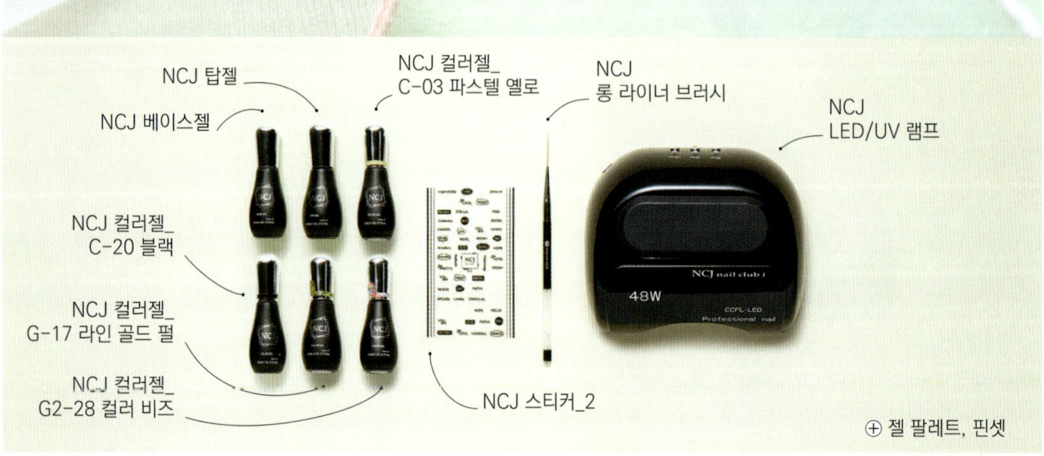

Lucky Clover Art

럭키 클로버 아트

1

프리퍼레이션 후 베이스젤을 전체
적으로 바르고 큐어해주세요.

2

C-03 파스텔 옐로를 전체적으로
바르고 큐어해주세요.

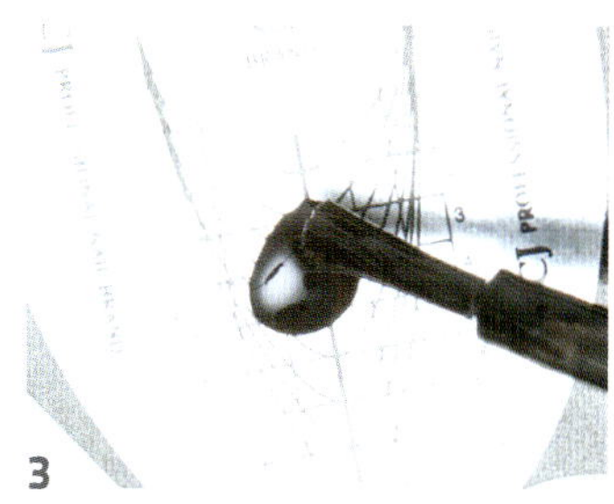

3

C-20 블랙을 젤 팔레트에 덜어내
세요.

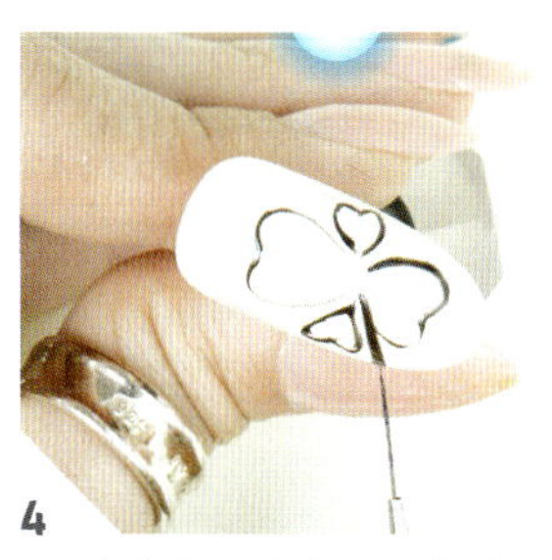

4

롱 라이너 브러시를 이용해 네잎클
로버 형태를 그리고 큐어해주세요.

5

G2-28 컬러 비즈로 클로버 잎을
채우고 큐어해주세요.

6

G-17 라인 골드 펄을 젤 팔레트에
덜어내세요.

7

롱 라이너 브러시를 이용해 G-17
라인 골드 펄로 클로버의 테두리를
바르고 큐어해주세요.

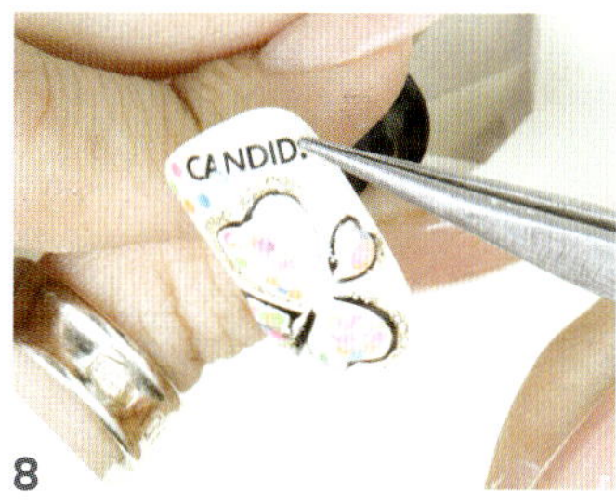

8

2번 스티커를 붙여주세요.

9

탑젤을 바르고 큐어해주세요.

Multi-petaled Graphic Art

멀티 페탈 그래픽 아트

NCJ 베이스젤
NCJ 탑젤
NCJ 길러젤_
C-01 화이트
NCJ 컬러젤_
C-02 파스텔 그린
NCJ 컬러젤_
C-04 파스텔 핑크
NCJ 컬러젤_
C-13 올리브 그린
NCJ 컬러젤_
C-20 블랙
NCJ 컬러젤_
C-30 블루 그린
NCJ 컬러젤_
P-16 메탈릭 골드
NCJ
라운드 브러시
NCJ 롱 라이너
브러시
NCJ nail club i
48W
CCFL·LED
Professional nail
NCJ LED/UV 램프
⊕ 젤 팔레트

1

프리퍼레이션 후 베이스젤을 전체적으로 바르고 큐어해
주세요.

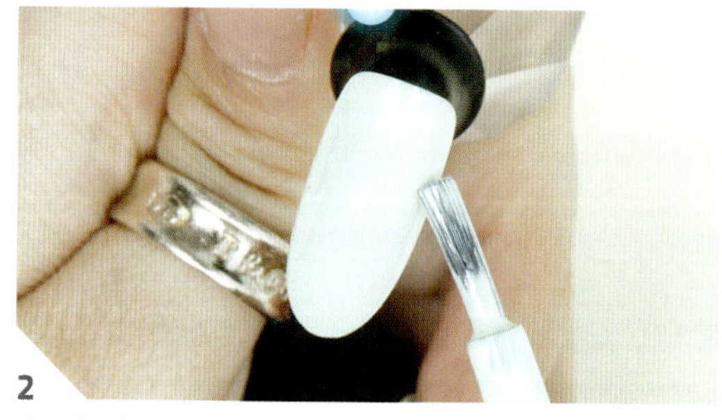

2

C-02 파스텔 그린을 전체적으로 바르고 큐어해주세요.

3

C-13 올리브 그린, C-20 블랙, C-30 블루 그린,
C-04 파스텔 핑크, C-01 화이트를 젤 팔레트에 덜어
내세요.

4

라운드 브러시를 이용해 C-13 올리브 그린으로 둥근
형태의 꽃잎을 찍어주세요.

5

라운드 브러시를 이용해 C-20 블랙으로 둥근 형태의
꽃잎을 찍어주세요.

6

라운드 브러시를 이용해 C-30 블루 그린으로 둥근
형태의 꽃잎을 찍어주고 큐어해주세요.

7

라운드 브러시를 이용해 C-04 파스텔 핑크로 둥근 형
태의 꽃잎을 찍어주세요.

8

라운드 브러시를 이용해 C-01 화이트로 둥근 형태의
꽃잎을 찍고 큐어해주세요.

9

롱 라이너 브러시의 끝부분에 C-13 올리브 그린을 올려주세요.

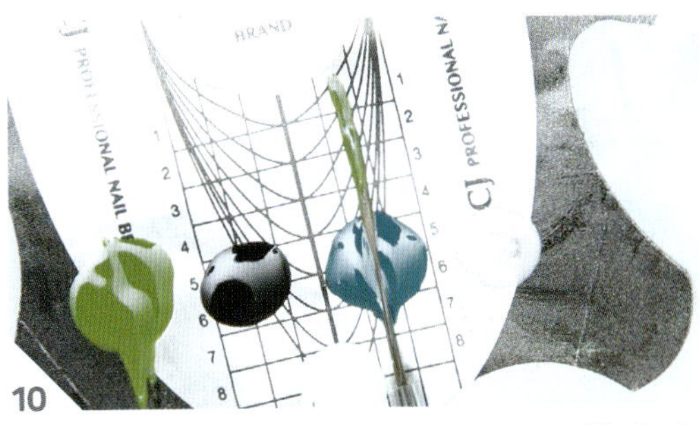

10

롱 라이너 브러시의 앞부분에 C-30 블루 그린을 올려주세요.

11

롱 라이너 브러시를 이용해 손톱 표면에 라인을 길게 찍고 큐어해주세요.

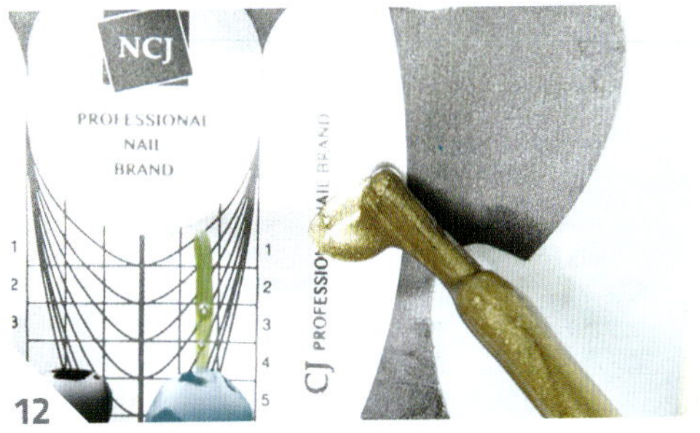

12

P-16 메탈릭 골드를 젤 팔레트에 덜어내세요.

13

롱 라이너 브러시를 이용해 손톱의 끝부분에 소량 바르고 큐어해주세요.

14

탑젤을 바르고 큐어해주세요.

네온 플라워 아트

NCJ 베이스젤
NCJ 탑젤
NCJ 코팅젤
NCJ 컬러젤_
C-01 화이트
NCJ 컬러젤_
C-50 네온 핑크
NCJ 컬러젤_
C-60 옐로
NCJ
팬 브러시
NCJ
엠보 브러시
NCJ 롱 라이너
브러시
NCJ LED/UV 램프

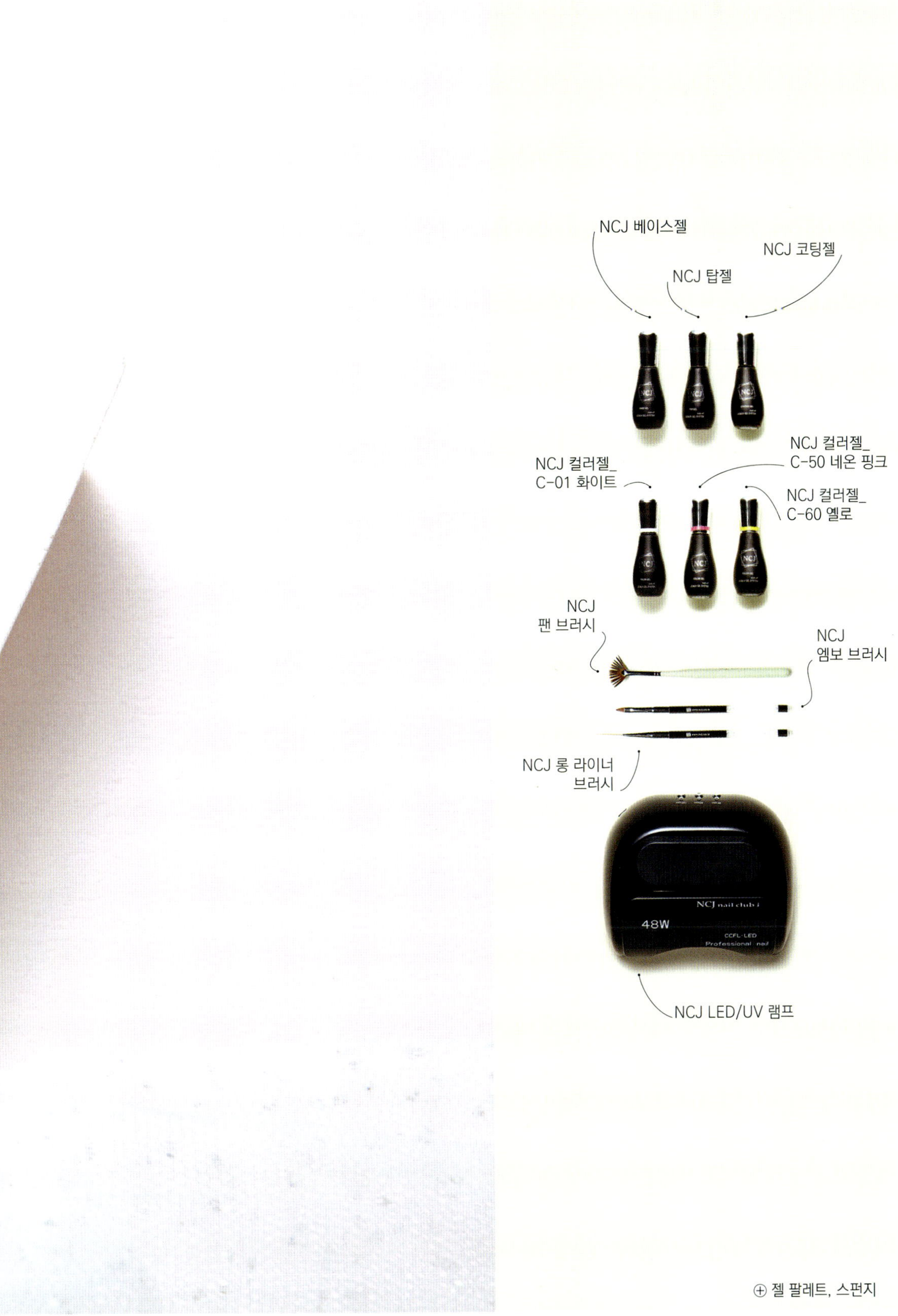

⊕ 젤 팔레트, 스펀지

1

프리퍼레이션 후 베이스젤을 전체
적으로 바르고 큐어해주세요.

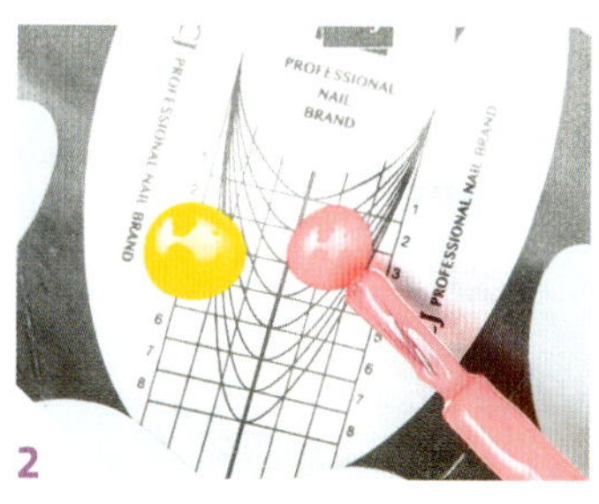

2

C-60 옐로와 C-50 네온 핑크를
젤 팔레트에 덜어내세요.

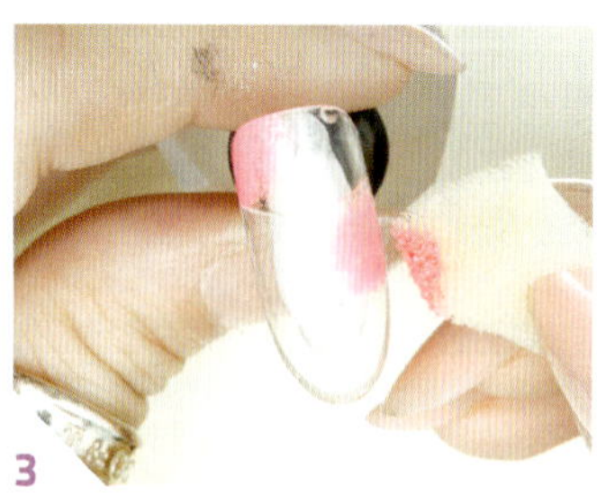

3

스펀지를 이용해 C-50 네온 핑크
를 손톱에 찍어주세요.

4

스펀지를 이용해 C-60 옐로를
손톱에 찍어주고 큐어해주세요.

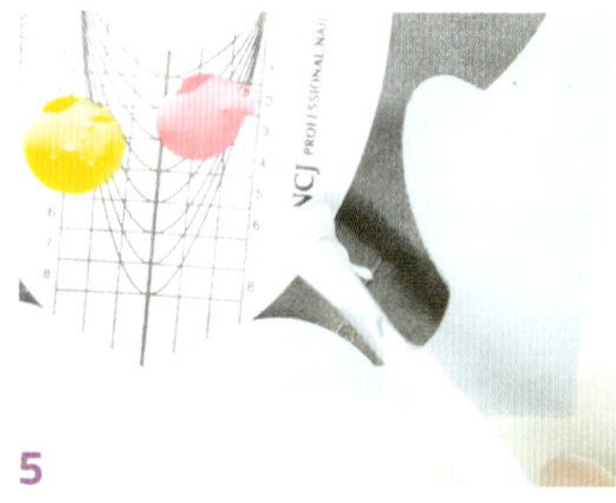

5

C-01 화이트를 젤 팔레트에 덜어
내세요.

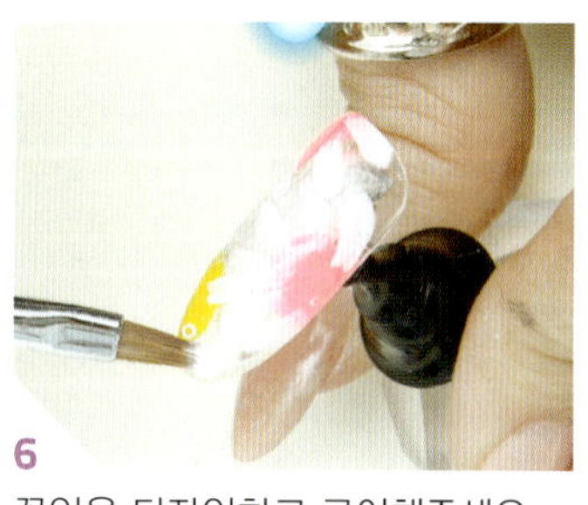

6

꽃잎을 디자인하고 큐어해주세요.

7

코팅젤을 바르고 큐어한 후 미경화
젤을 닦아내세요.

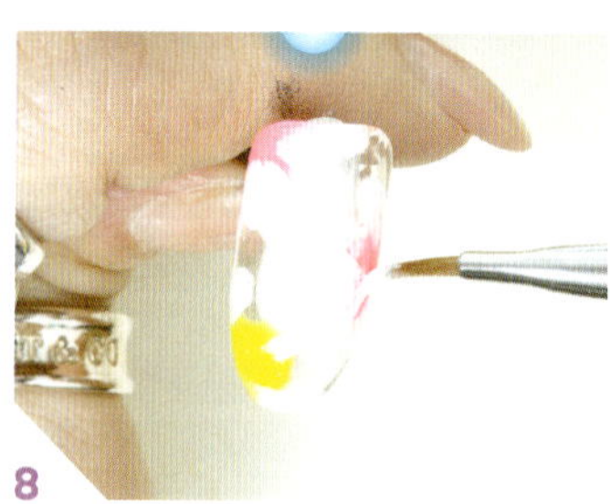

8

꽃잎을 다시 그리고 큐어해주세요.

9

코팅젤을 바르고 큐어해주세요.

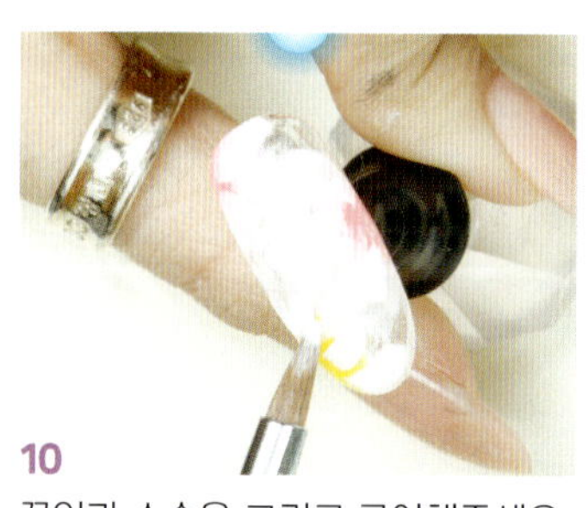

10

꽃잎과 수술을 그리고 큐어해주세요.

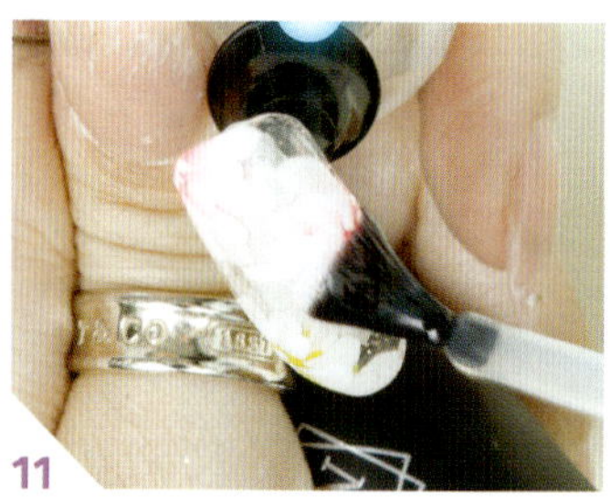

11

탑젤을 바르고 큐어해주세요.

1 프리퍼레이션 후 베이스젤을 전체적으로 바르고 큐어해주세요.

2 C-60 옐로와 C-50 네온 핑크를 젤 팔레트에 덜어내세요.

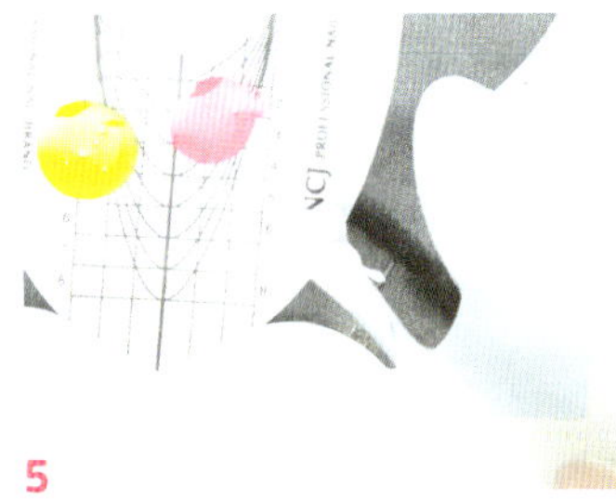

3 스펀지를 이용해 두 컬러를 손톱에 찍어주고 큐어해주세요.

4 베이스 젤을 발라주세요.

5 C-01 화이트를 NCJ 젤 팔레트에 덜어내세요.

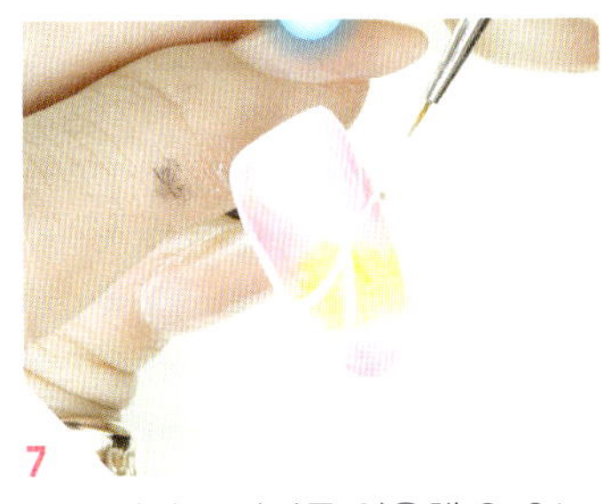

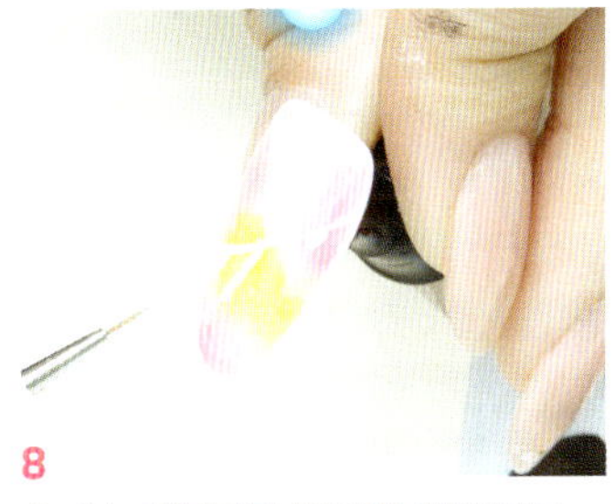

6 팬 브러시로 바르고 큐어해주세요.

7 롱 라이너 브러시를 이용해 C-01 화이트로 테두리와 라인을 그리고 큐어해주세요.

8 C-01 화이트를 점처럼 찍어주고 큐어해주세요.

9 탑젤을 바르고 큐어해주세요.

크롬 옐로 플라워 아트

NCJ 탑젤
NCJ 베이스젤
NCJ 컬러젤_
C-01 화이트
NCJ
LED/UV 램프
NCJ 컬러젤_
C-03 파스텔 옐로
NCJ 컬러젤_
C-16 크롬 옐로
NCJ 컬러젤_
C-20 블랙
NCJ 롱 라이너 브러시
NCJ 라운드 브러시
48W
NCJ nail club i
CCFL-LED
Professional nail
⊕ 젤 팔레트,
골드 라운드 스터드

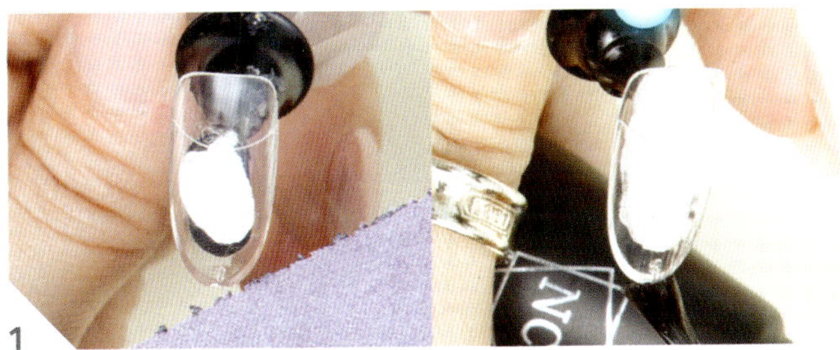

1 프리퍼레이션 후 베이스젤을 전체적으로 바르고 큐어해주세요.

2 C-20 블랙을 전체적으로 바르고 큐어해주세요.

3 C-16 크롬 옐로를 젤 팔레트에 덜어내세요.

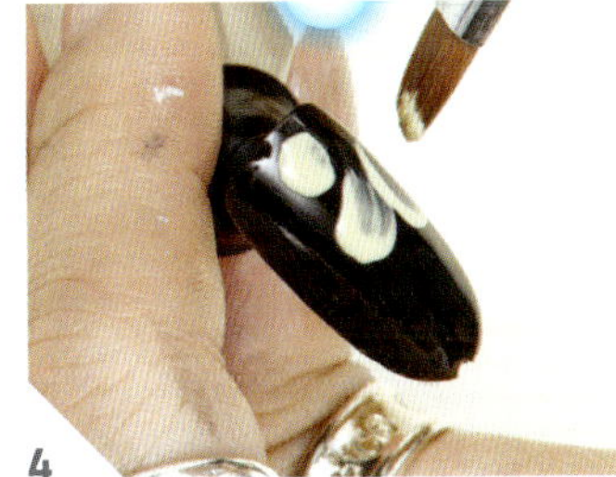

4 라운드 브러시를 이용해 C-16 크롬 옐로로 꽃잎을 그리고 큐어해 주세요.

5 C-03 파스텔 옐로와 C-01 화이트 를 젤 팔레트에 덜어주세요.

6 C-03 파스텔 옐로로 라인을 그려 주세요.

7 C-03 파스텔 옐로로 라인 중간 중간에 둥근 볼을 올려주고 큐어해 주세요.

8 C-01 화이트로 테두리를 그리고 큐어해주세요.

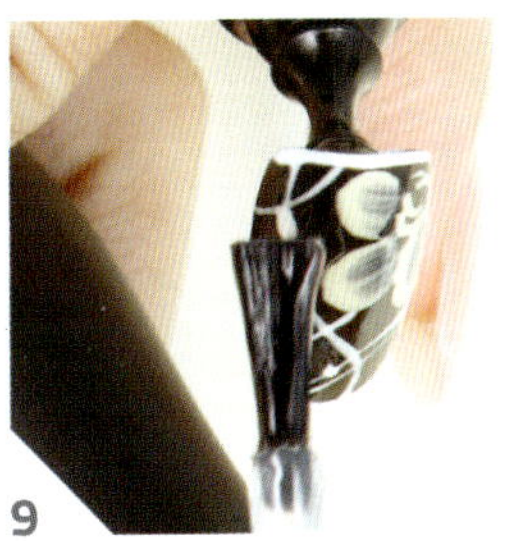

9 탑젤을 발라주세요.

10 골드 라운드 스터드을 장식하고 큐어해주세요.

Pink Glittered Flower Art

핑크 글리터 플라워 아트

⊕ 젤 팔레트

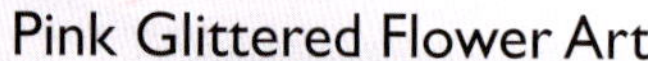

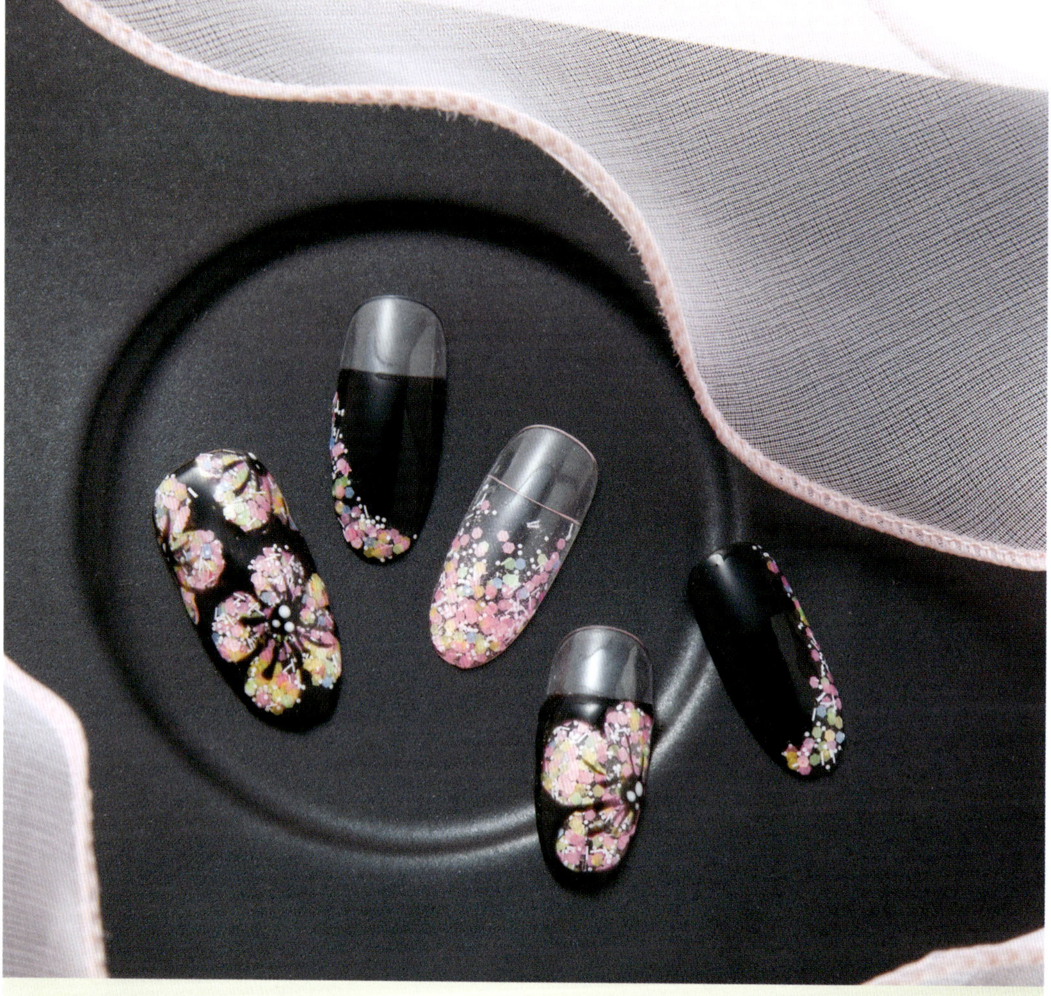

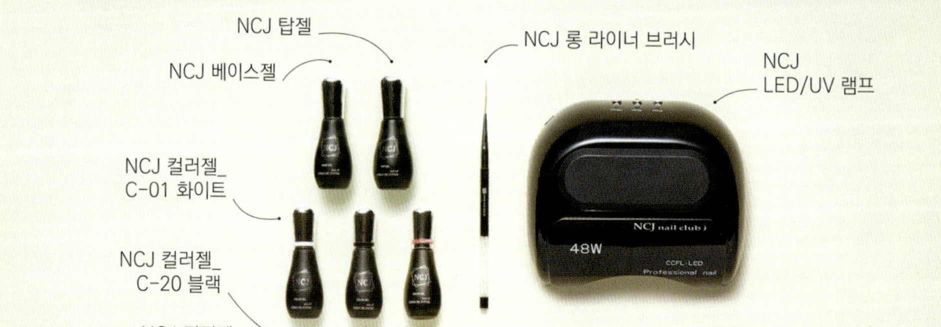

1

프리퍼레이션 후 베이스젤을 전체
적으로 바르고 큐어해주세요.

2

C-20 블랙을 전체적으로 바르고
큐어해주세요.

3

G2-25 플라워로 꽃 두 송이를 올리
고 큐어해주세요.

4

빈 공간에 G2-25 플라워로 꽃
한 송이를 더 올리고 큐어해주세요.

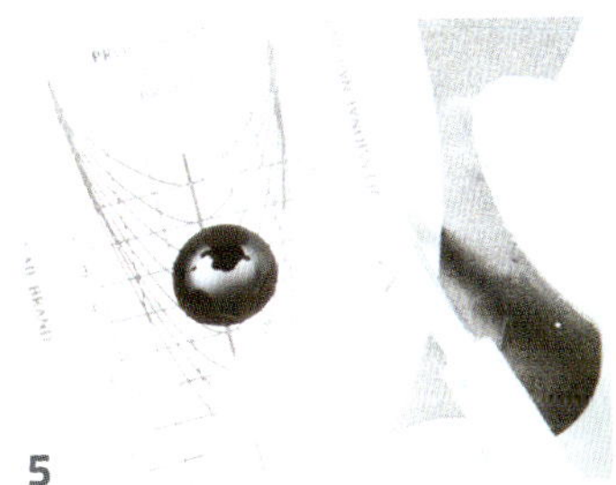

5

C-20 블랙과 C-01 화이트를
젤 팔레트에 덜어내세요.

6

롱 라이너 브러시를 이용해 C-20
블랙을 꽃잎 중앙에 올리고 꽃잎
바깥 부분을 당겨주고 큐어해주
세요.

7

C-01 화이트로 꽃 중앙에 도트를
찍고 큐어해주세요.

8

탑젤을 바르고 큐어해주세요.

Mint Green Flower Art

민트 그린 플라워 아트

NCJ 탑젤
NCJ 코팅젤
NCJ 베이스젤
NCJ 컬러젤_
C-01 화이트
NCJ
LED/UV 램프
NCJ 컬러젤_
C-13 올리브 그린
NCJ 컬러젤_
C-22 다크 그린
NCJ 컬러젤_
C-56 민트 그린
NCJ 롱 라이니 브러시
NCJ 컬러젤_
G2-08 그린앤화이트
NCJ nail club i
48W
CCFL·LED
Professional nail
⊕ 젤 팔레트, 진주 참,
  글루, 글루 드라이

1

프리퍼레이션 후 베이스젤을 전체
적으로 바르고 큐어해주세요.

2

C-01 화이트로 딥 프렌치를 디자
인하고 큐어해주세요.

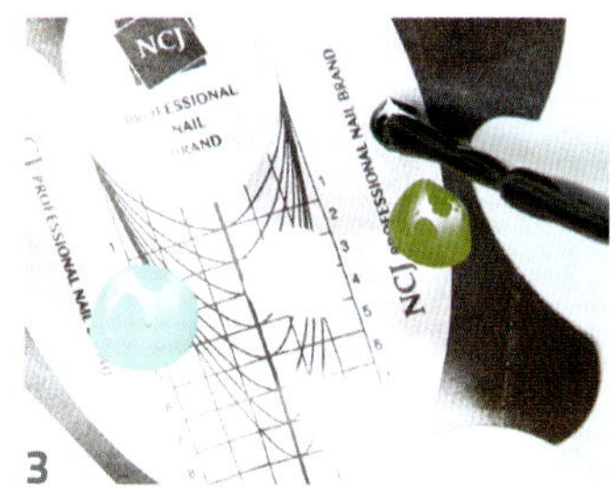

3

C-56 민트 그린, C-01 화이트,
C-13 올리브 그린, C-22 다크
그린을 젤 팔레트에 덜어내세요.

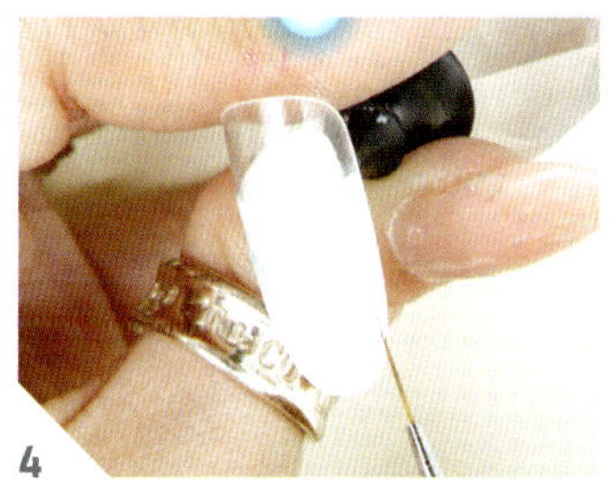

4

롱 라이너 브러시를 이용해 C-56
민트 그린으로 꽃잎을 그리고 큐어
해주세요.

5

C-13 올리브 그린과 C-22 다크
그린을 섞어 줄기를 그려주세요.

6

C-13 올리브 그린과 C-22 다크
그린으로 스마일 라인에 라인을
그리고 큐어해주세요.

7

코팅젤을 전체적으로 바르고 큐어
해주세요.

8

롱 라이너 브러시를 이용해 C-56
민트 그린으로 한 번 더 꽃잎을
그려주세요.

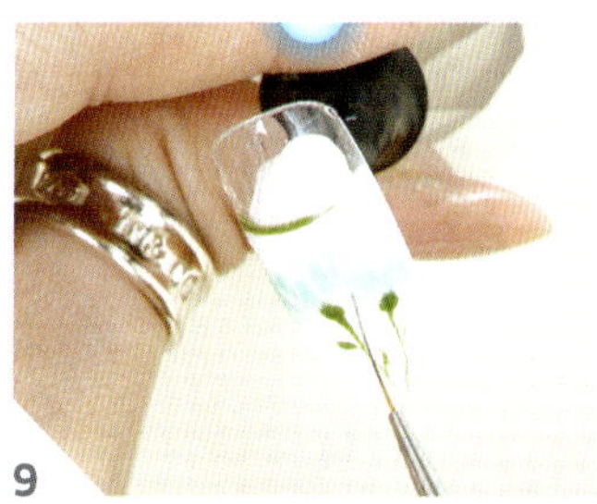

9

롱 라이너 브러시를 이용해 C-01
화이트로 꽃잎을 사이사이에 그리
고 큐어해주세요.

10

G2-08 그린앤화이트을 바르고
큐어해주세요.

11

탑젤을 바르고 큐어해주세요.

12

글루를 이용해 진주 참을 장식한 후
글루 드라이를 뿌려주세요.

워터 드롭 그린 플라워 아트

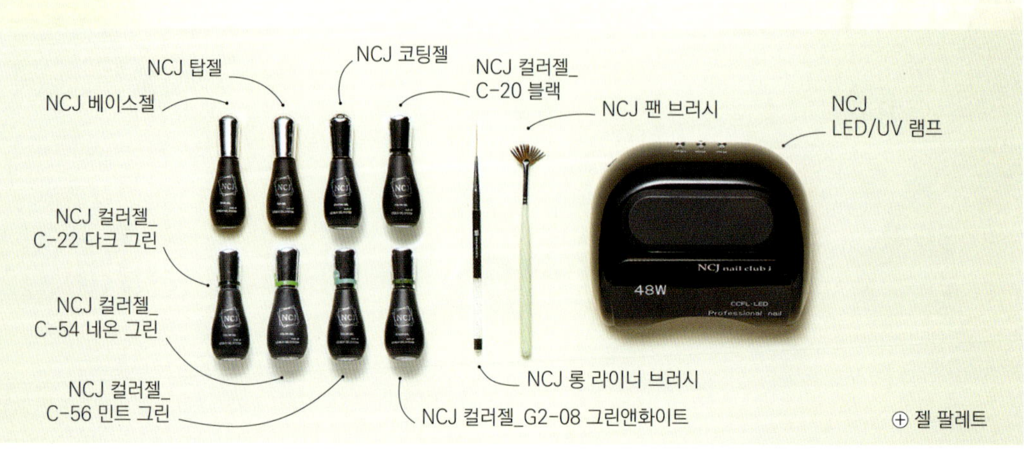

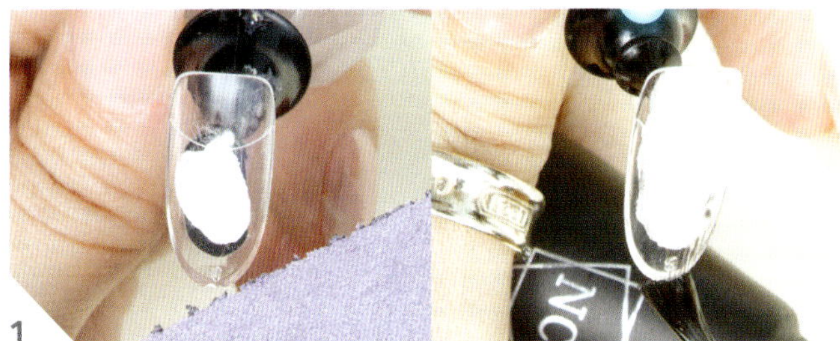

1 프리퍼레이션 후 베이스젤을 전체적으로 바르고 큐어해주세요.

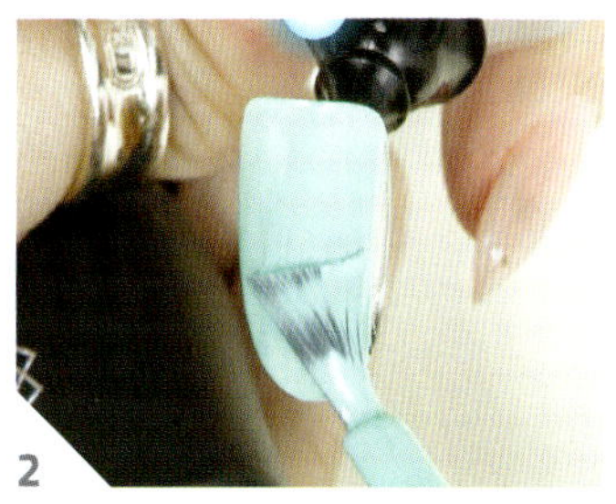

2 C-56 민트 그린을 전체적으로 바르고 큐어해주세요.

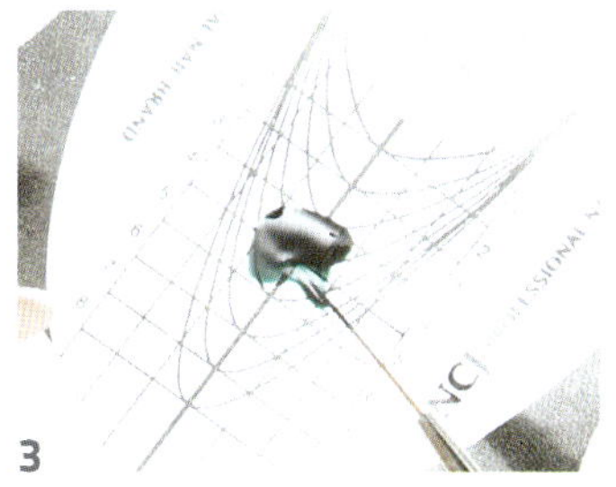

3 C-22 다크 그린을 젤 팔레트에 덜어내세요.

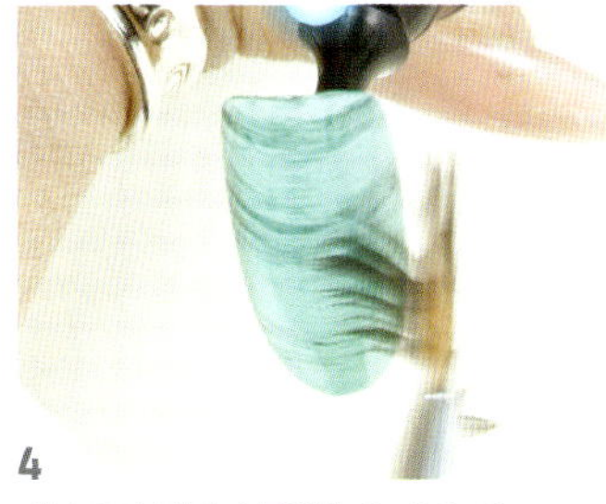

4 팬 브러시를 이용해 C-22 다크 그린으로 가로 스크래치를 주고 고정 큐어해주세요.

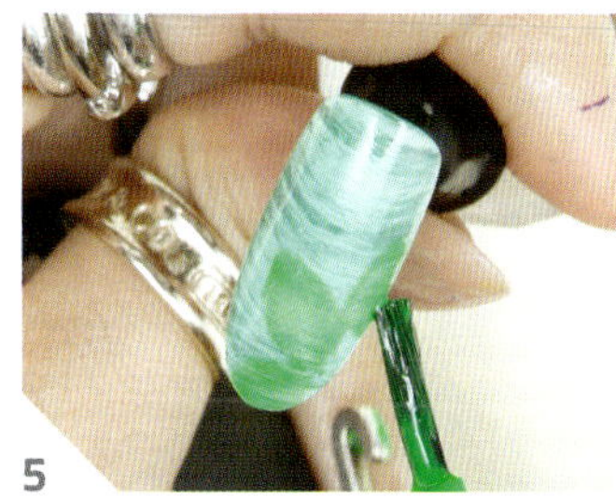

5 C-54 네온 그린으로 꽃잎 모양을 그려주세요.

6 C-22 다크 그린을 꽃 중앙에 올려주세요.

7 롱 라이너 브러시를 이용해 C-22 다크 그린을 밖에서 안쪽으로 당겨주세요.

8 롱 라이너 브러시를 이용해 C-56 민트 그린으로 수술을 그리고 큐어해주세요.

9 G2-08 그린앤화이트로 꽃을 제외한 부분에 불규칙적으로 바르고 큐어해주세요.

10 코팅젤을 물방울처럼 부분적으로 올리고 큐어해주세요.

11 탑젤을 바르고 큐어해주세요.

Flower Art on Pink Glitters

핑크 글리터 베이스 플라워 아트

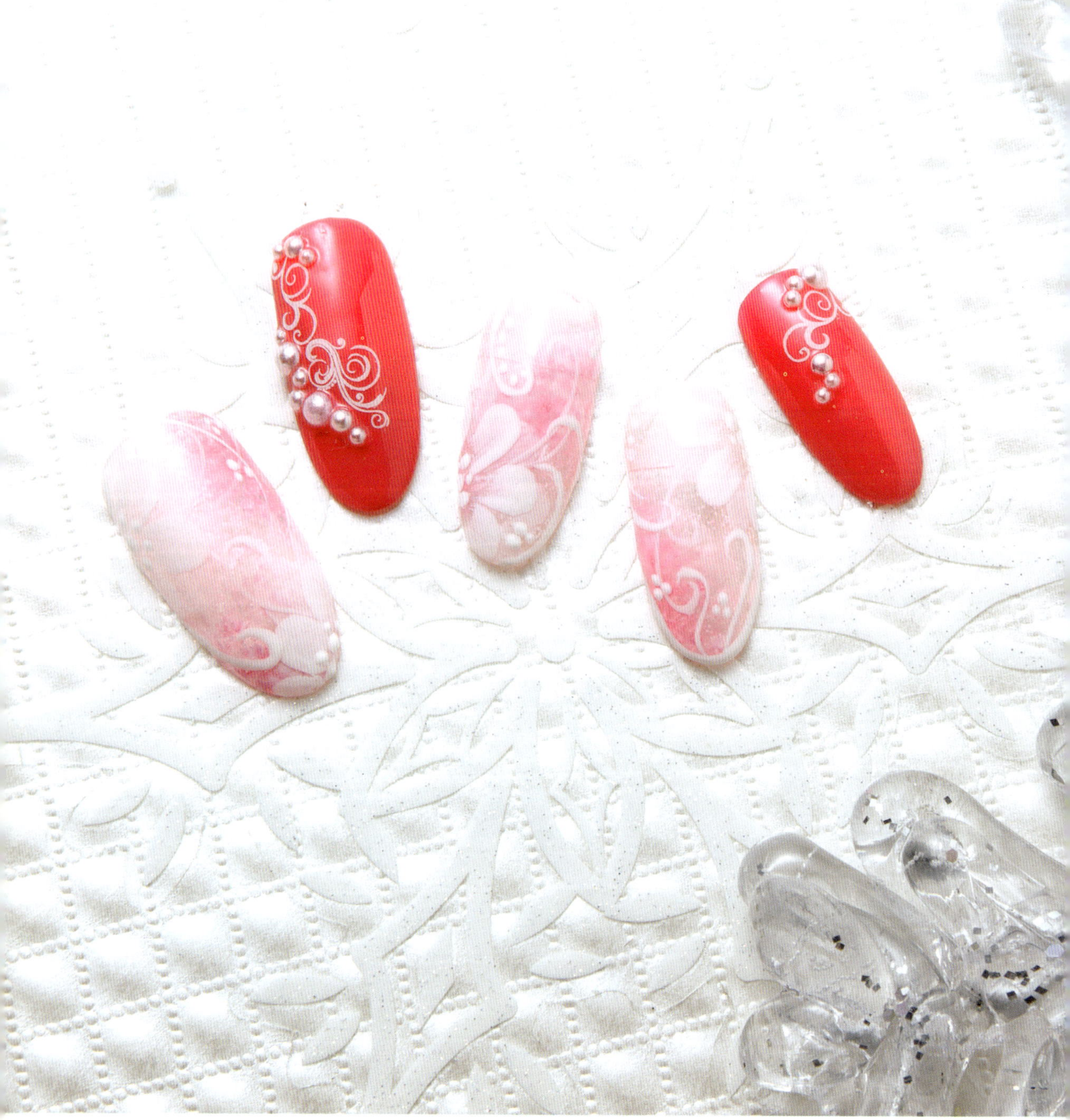

⊕ 젤 팔레트, 젤 클렌저, 스펀지

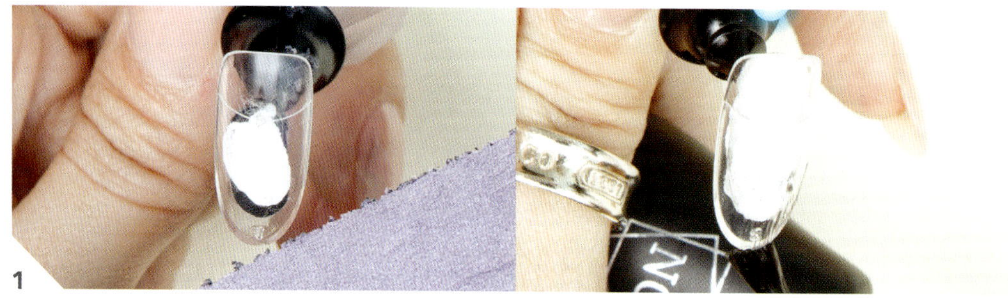

1

프리퍼레이션 후 베이스젤을 전체적으로 바르고 큐어해주세요.

2

G2-16 파스텔 핑크를 불규칙적으로 바르고 큐어해주세요.

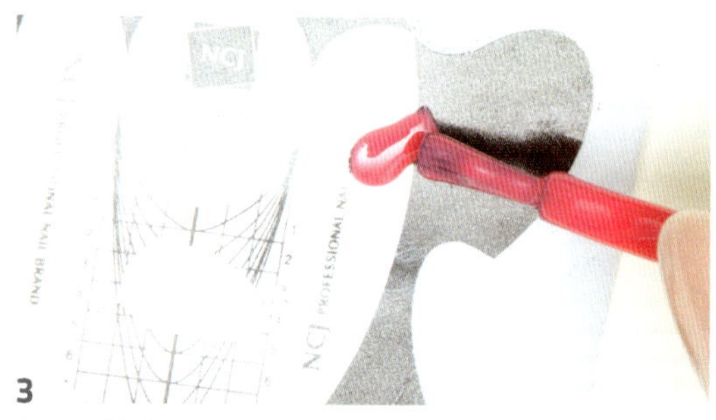

3

C-01 화이트, C-58 핫 핑크를 젤 팔레트에 덜어내세요.

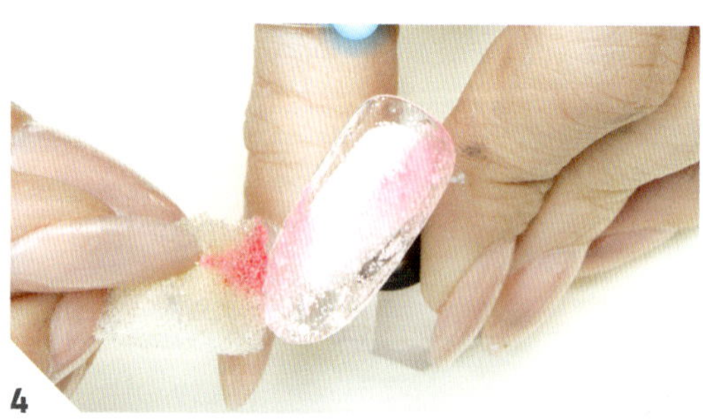

4

스펀지를 이용해 C-58 핫 핑크로 군데군데 찍어주고 큐어해주세요.

5

라운드 브러시를 이용해 C-01 화이트로 꽃잎을 그리고 큐어해주세요.

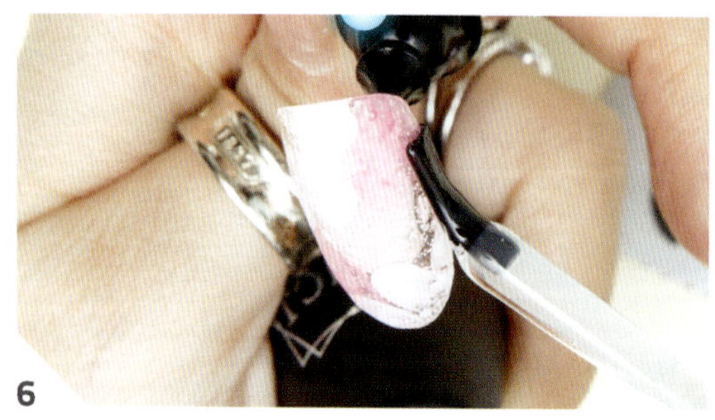

6

코팅젤을 바르고 큐어해주세요.

7

미경화젤을 닦아내세요.

8

C-01 화이트로 꽃잎 사이사이에 꽃잎을 그려주세요.

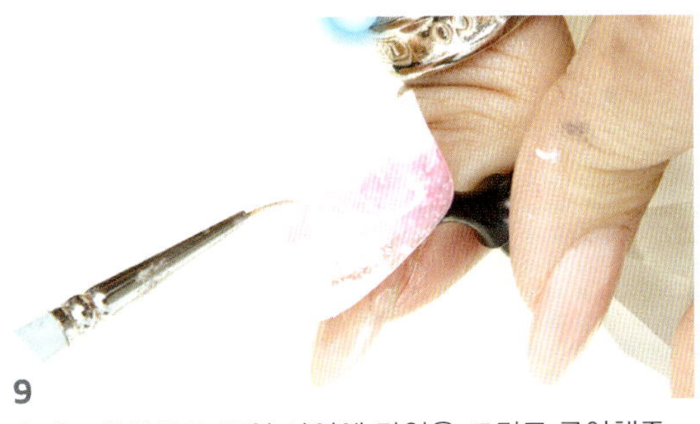

9

C-01 화이트로 꽃잎 사이에 라인을 그리고 큐어해주세요.

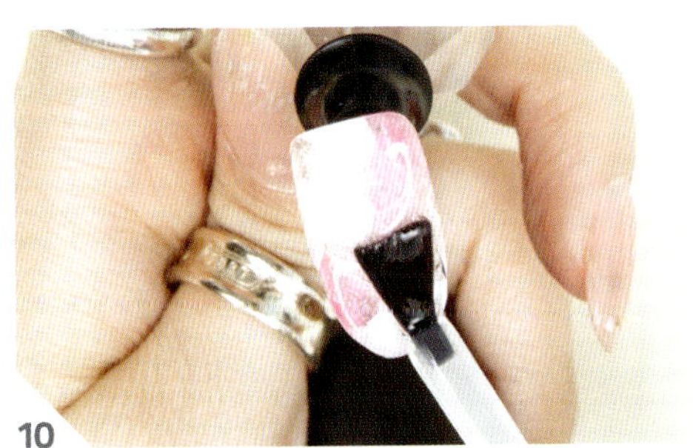

10

코팅젤을 바르고 큐어해주세요.

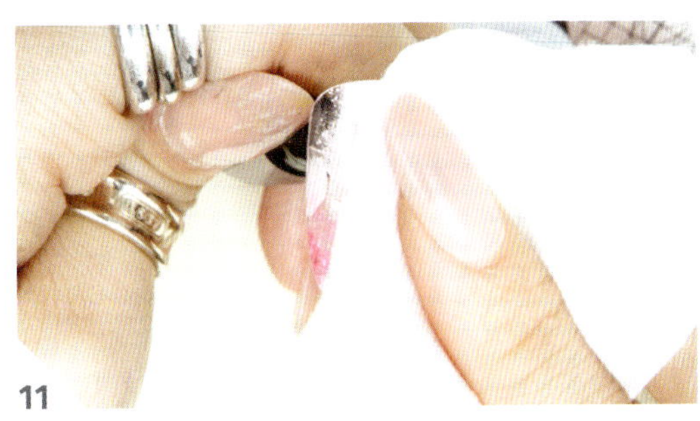

11

미경화젤을 닦아내세요.

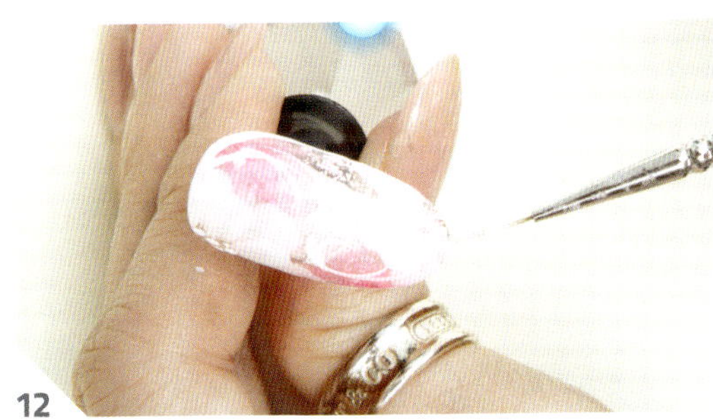

12

C-01 화이트로 테두리와 수술을 그리고 큐어해주세요.

13

탑젤을 전체적으로 바르고 큐어해주세요.

모브 라인 플라워 아트

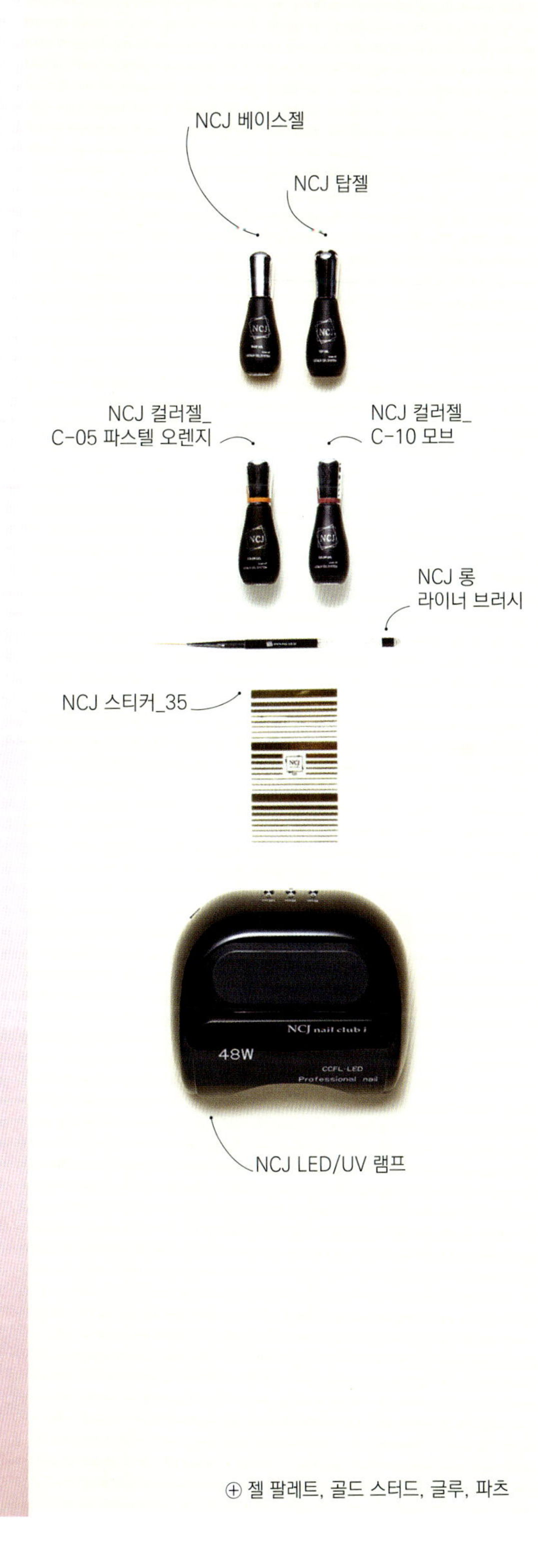

⊕ 젤 팔레트, 골드 스터드, 글루, 파츠

1 프리퍼레이션 후 베이스젤을 전체적으로 바르고 큐어해주세요.

2 C-05 파스텔 오렌지를 전체적으로 바르고 큐어해주세요.

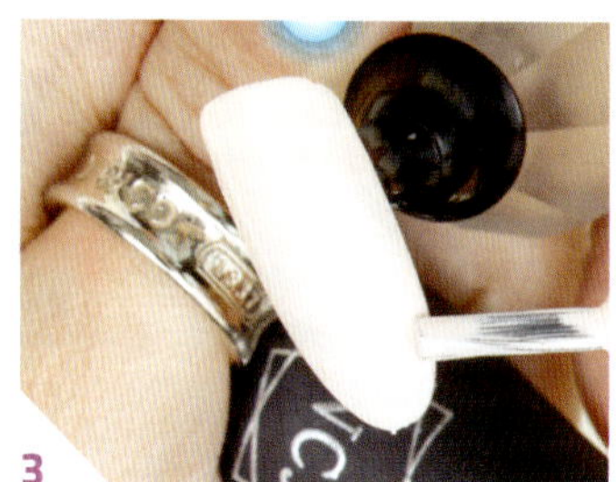

3 2번 과정을 반복해주세요.

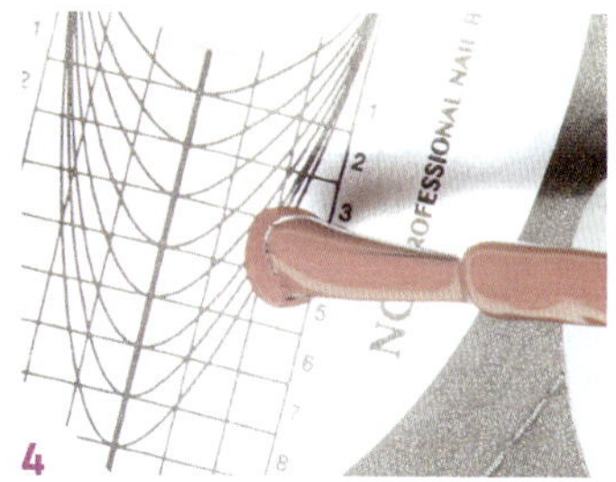

4 C-10 모브를 젤 팔레트에 덜어내 주세요.

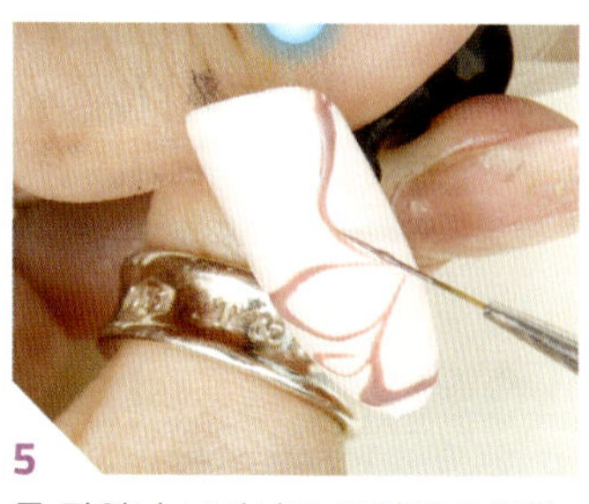

5 롱 라이너 브러시로 꽃잎의 라인을 그리고 큐어해주세요.

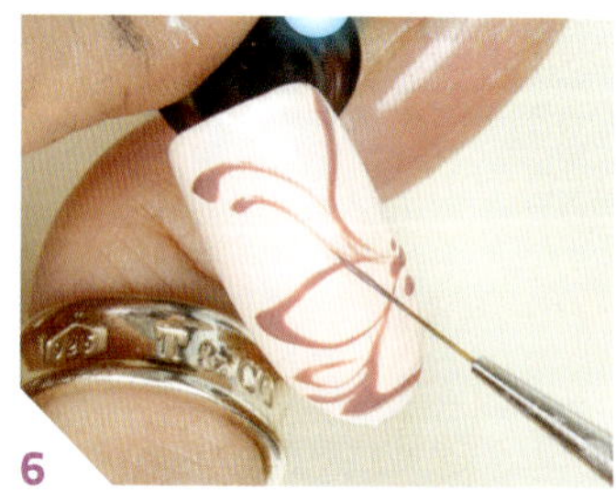

6 꽃잎 주변에 라인을 그리고 큐어해 주세요.

7 탑젤을 바르고 큐어해주세요.

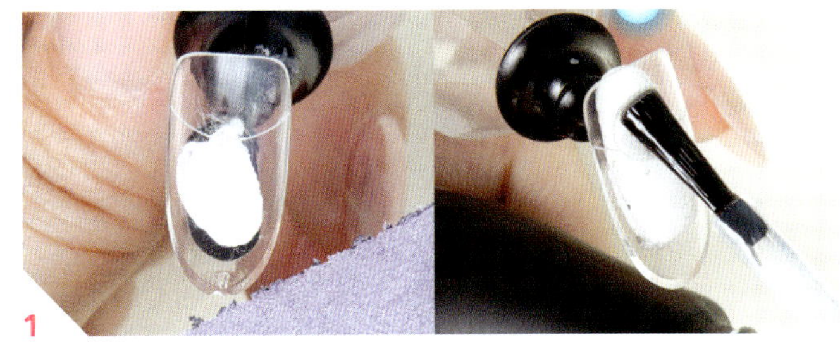

1 프리퍼레이션 후 베이스젤을 전체적으로 바르고 큐어해주세요.

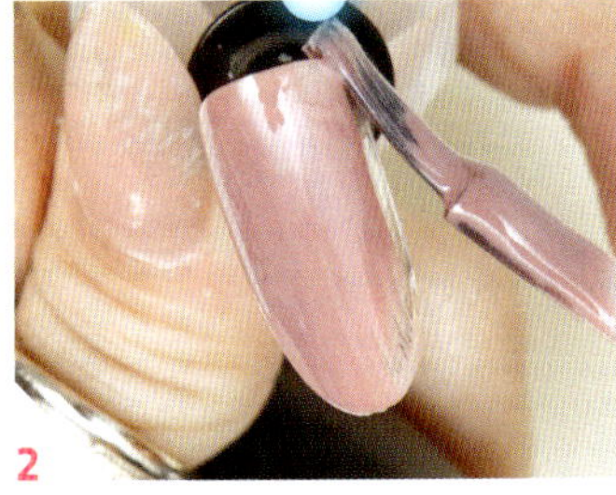

2 C-10 모브를 전체적으로 바르고 큐어해주세요.

3 2번 과정을 반복해주세요.

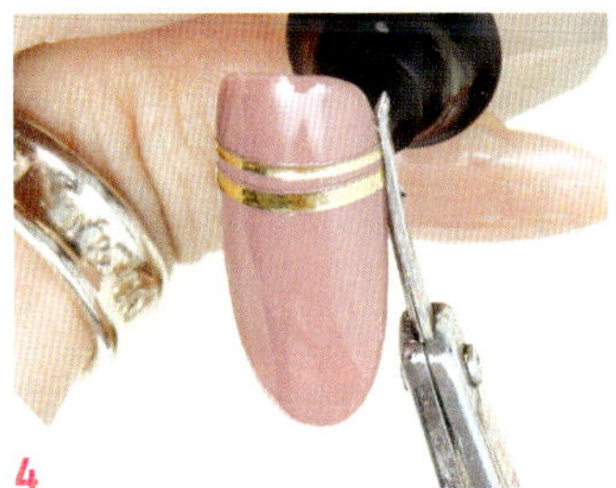

4 35번 스티커를 붙여주세요.

5 탑젤을 발라주세요.

6 글루로 파츠를 붙여주세요.

7 골드 스터드를 장식하고 큐어해주세요.

일상의 모든 것에서
영감을 얻다

#팝아트

3D Banana Pop Art Nail

3D 바나나 팝아트 네일

NCJ 베이스젤
NCJ 탑젤
NCJ 컬러젤_
C-20 블랙
NCJ 컬러젤_
C-01 화이트
NCJ 컬러젤_
C-60 옐로
NCJ 볼륨젤_
화이트
NCJ 롱
라이너 브러시
NCJ 엠보
브러시
NCJ
팬 브러시
NCJ 라이너
브러시
NCJ nail club i
48W
CCFL · LED
Professional nail
NCJ LED/UV 램프

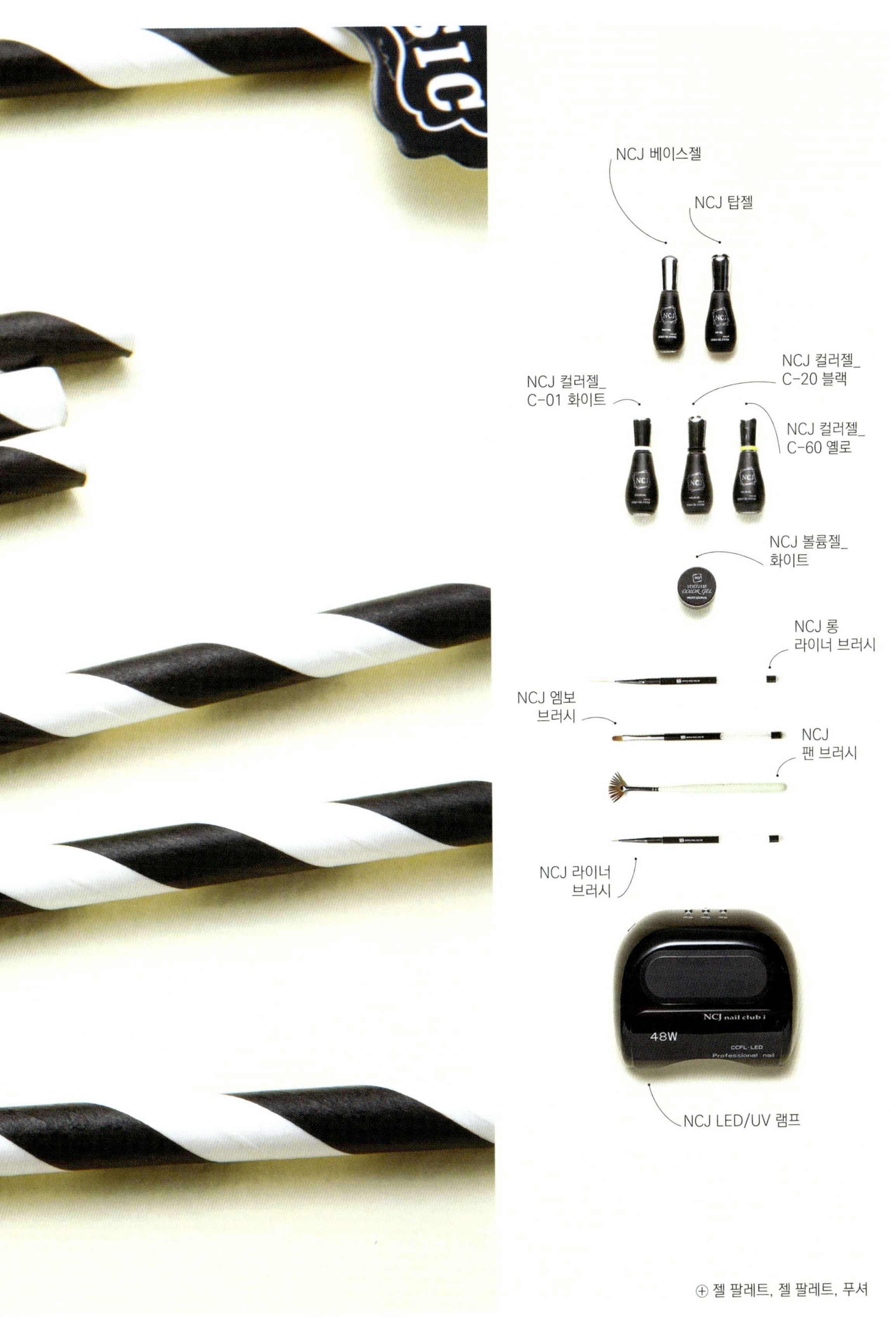

⊕ 젤 팔레트, 젤 팔레트, 푸셔

1

프리퍼레이션 후 베이스젤을 전체적으로 바르고 큐어해주세요.

2

C-01 화이트를 전체적으로 바르고 큐어해주세요.

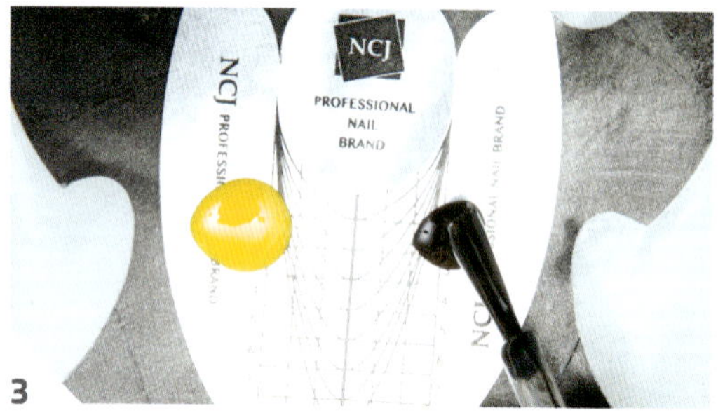

3

C-60 옐로와 C-20 블랙을 젤 팔레트에 덜어내세요.

4

라이너 브러시를 이용해 C-60 옐로로 바나나를 디자인하고 큐어해주세요.

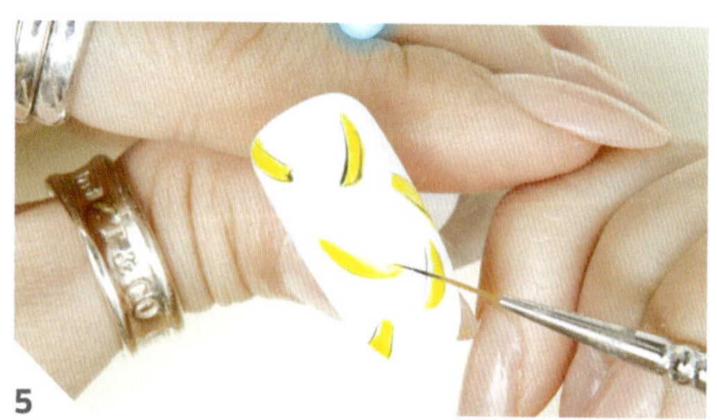

5

라이너 브러시를 이용해 C-20 블랙으로 테두리를 그리고 큐어해주세요.

6

라이너 브러시를 이용해 C-20 블랙으로 바나나의 디테일을 표현하고 큐어해주세요.

7

라이너 브러시를 이용해 C-20 블랙으로 빈 공간에 레터링을 디자인하고 큐어해주세요.

8

볼륨젤 화이트를 무셔로 떠주세요.

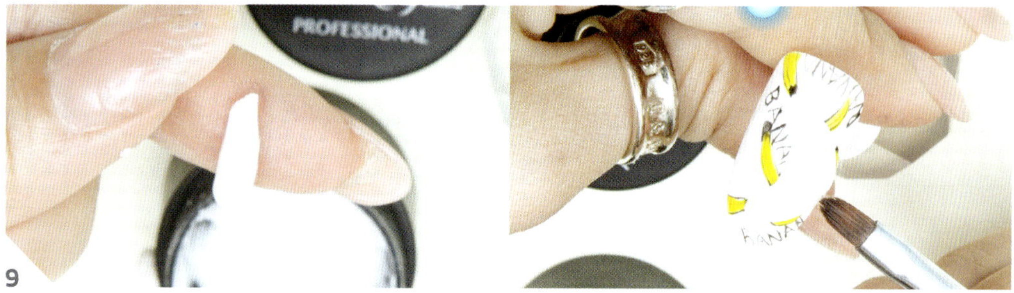

9

볼륨젤 화이트를 손으로 뭉쳐 바나나 모양으로 올려준 후 엠보 브러시를 이용해 모양을 잡고 큐어해주세요.

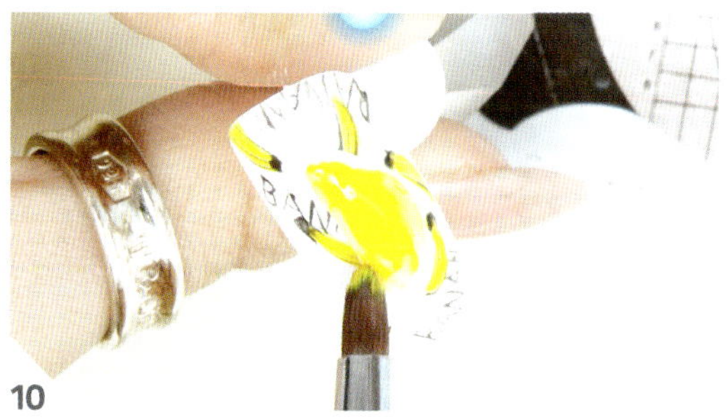

10

C-60 옐로를 바나나 부분에 바르고 큐어해주세요.

11

라이너 브러시를 이용해 C-20 블랙으로 바나나의 디테일을 표현하고 큐어해주세요.

12

탑젤을 바르고 큐어해주세요.

3D 커피빈 아트

행복
NCJ 베이스젤
NCJ 탑젤
NCJ 볼륨젤_화이트
NCJ
LED/UV 램프
NCJ 컬러젤_
C-01 화이트
NCJ 컬러젤_
C-27 브라운
NCJ 컬러젤_
C-44 블루 그레이
NCJ 라운드 브러시
NCJ 스티커_16
48W
⊕ 푸셔, 핀셋

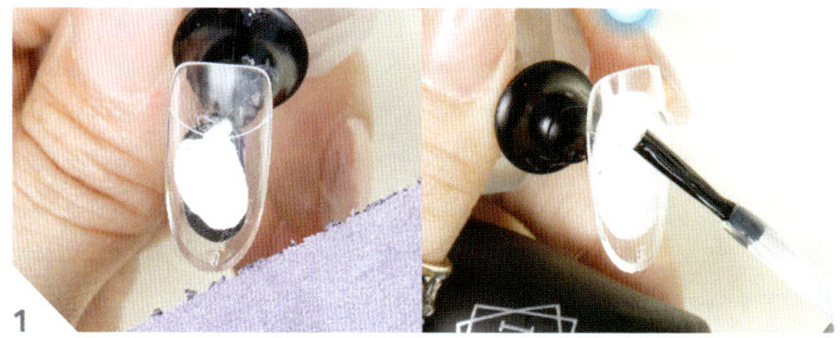

1
프리퍼레이션 후 베이스젤을 전체적으로 바르고 큐어해주세요.

2
C-44 블루 그레이를 전체적으로
바르고 큐어해주세요.

3
볼륨젤 화이트를 손으로 말아 올려주세요.

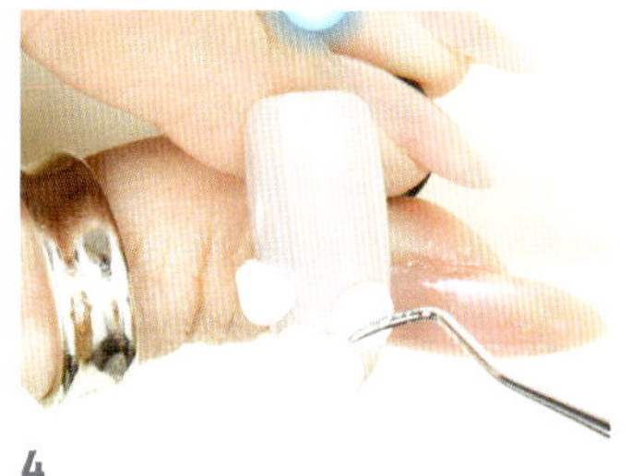

4
중간 부분을 눌러 커피콩 모양을
만들고 큐어해주세요.

5
C-27 브라운으로 커피콩을 칠하고
큐어해주세요.

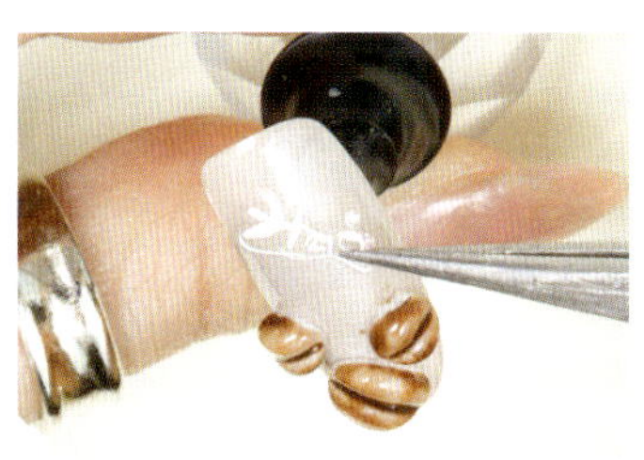

6
16번 스티커를 붙여주세요.

7
C-01 화이트로 테두리를 그려주
세요.

8
라운드 브러시로 컬러의 경계를
없애주고 큐어해주세요.

9
탑젤을 바르고 큐어해주세요.

글리터 아이 팝아트 네일

⊕ 젤 팔레트

1 프리퍼레이션 후 베이스젤을 전체적으로 바르고 큐어해주세요.

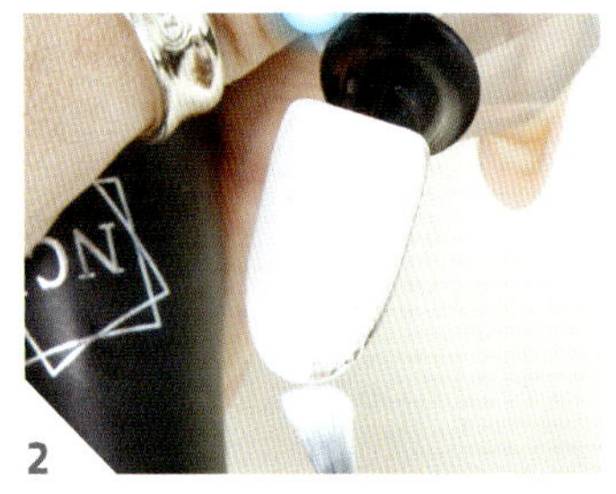

2 C-01 화이트를 전체적으로 바르고 큐어해주세요.

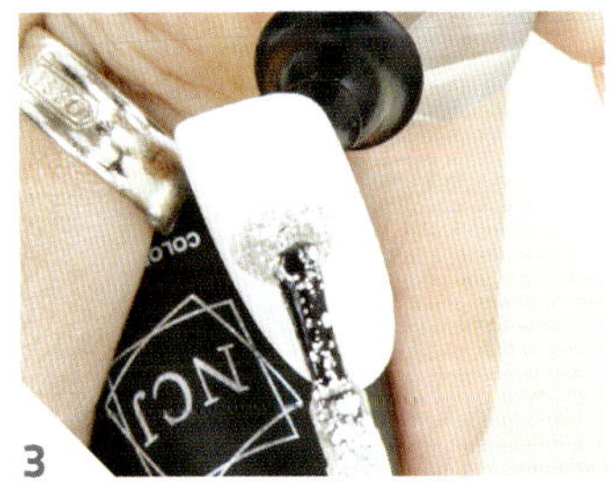

3 G-07 샤이닝 실버를 눈 모양으로 발라주세요.

4 그 밑에 눈물처럼 디자인한 후 큐어 해주세요.

5 G2-47 샤이닝 블루를 눈 중앙에 올리고 큐어해주세요.

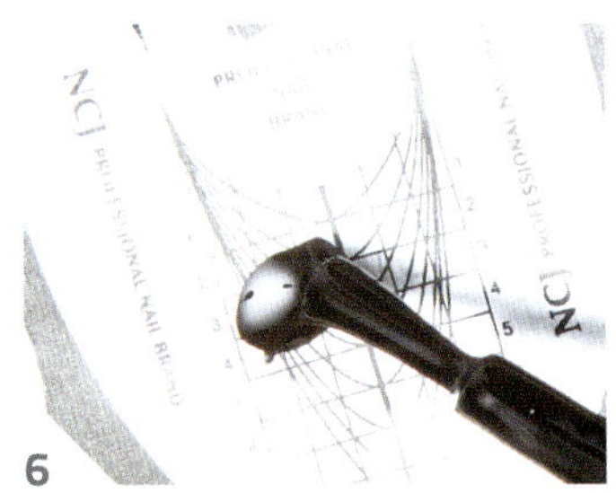

6 C-20 블랙을 젤 팔레트에 덜어내 세요.

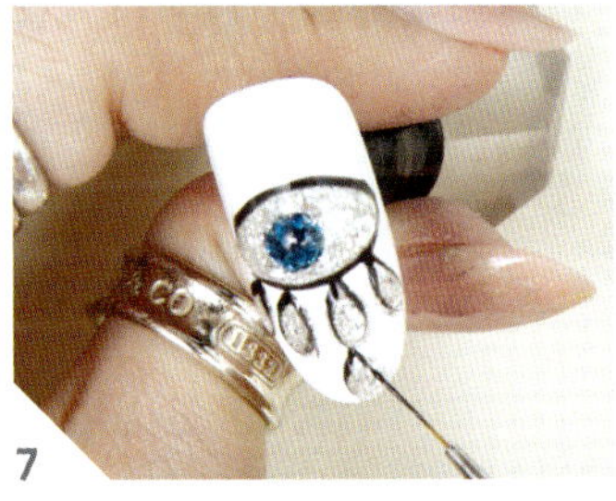

7 롱 라이너 브러시를 이용해 눈과 눈물의 테두리를 그려주세요.

8 롱 라이너 브러시를 이용해 눈동자 의 테두리를 그려주세요.

9 롱 라이너 브러시를 이용해 속눈썹 을 표현하고 큐어해주세요.

10 탑젤을 바르고 큐어해주세요.

컬러풀 피시
핸드페인팅 아트

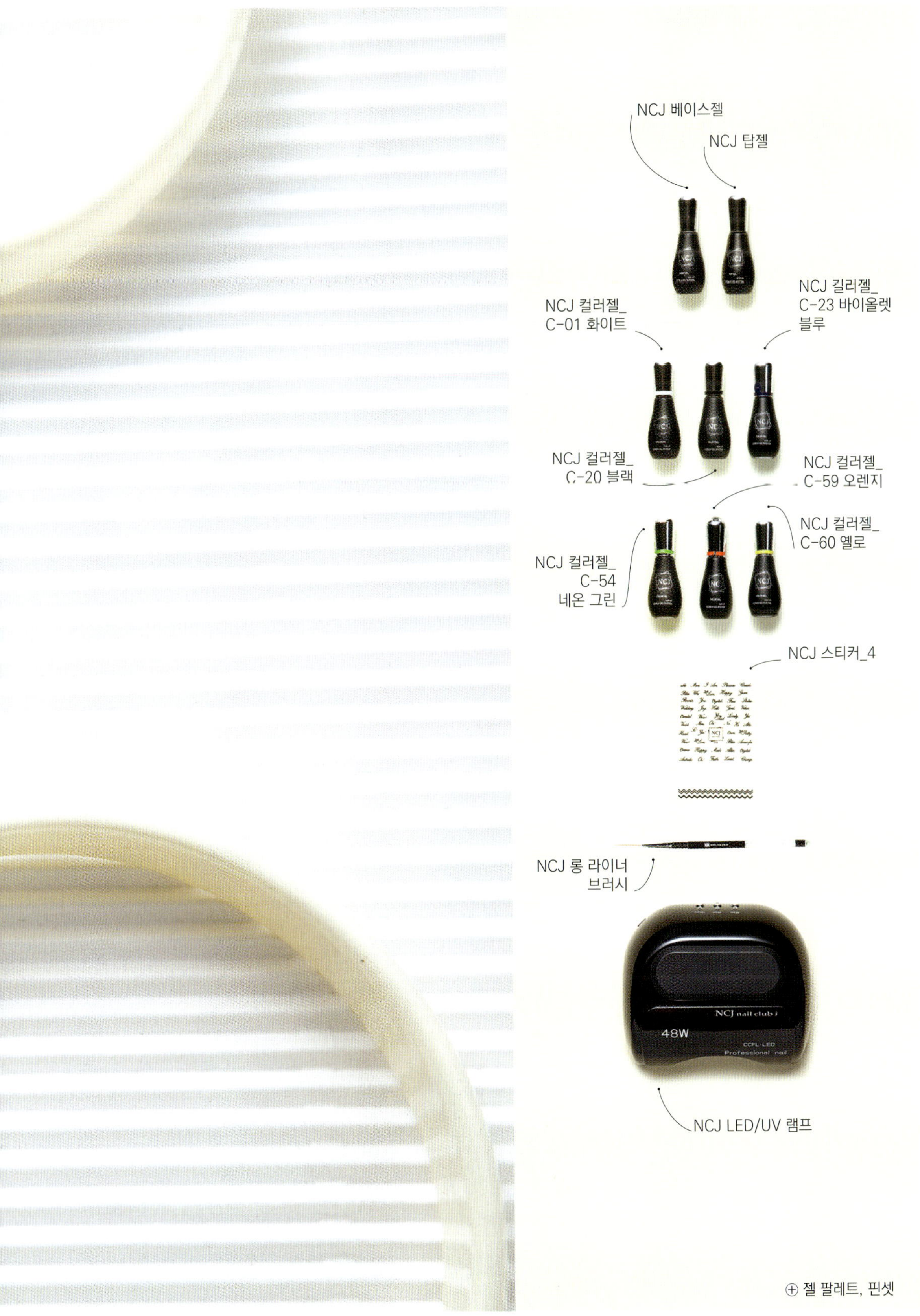

NCJ 베이스젤
NCJ 탑젤
NCJ 컬러젤_
C-01 화이트
NCJ 길리젤_
C-23 바이올렛
블루
NCJ 컬러젤_
C-20 블랙
NCJ 컬러젤_
C-59 오렌지
NCJ 컬러젤_
C-54
네온 그린
NCJ 컬러젤_
C-60 옐로
NCJ 스티커_4
NCJ 롱 라이너
브러시
NCJ nail club i
48W
CCFL·LED
Professional nail
NCJ LED/UV 램프
⊕ 젤 팔레트, 핀셋

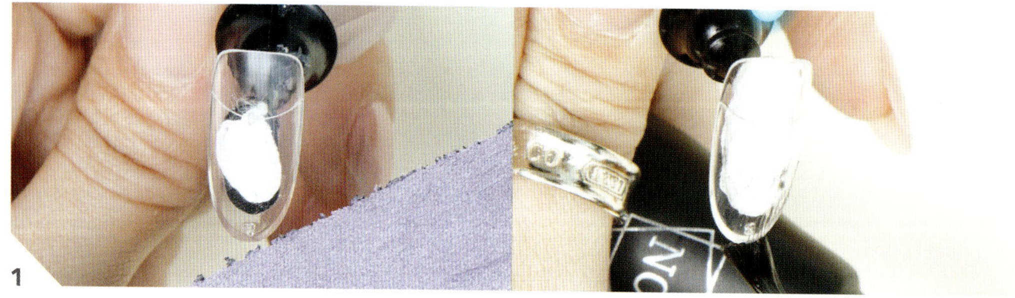

1

프리퍼레이션 후 베이스젤을 전체적으로 바르고 큐어해주세요.

2

C-01 화이트를 전체적으로 바르고 큐어해주세요.

3

C-01 화이트, C-20 블랙, C-23 바이올렛 블루, C-54 네온 그린, C-59 오렌지, C-60 옐로를 젤 팔레트에 덜어내세요.

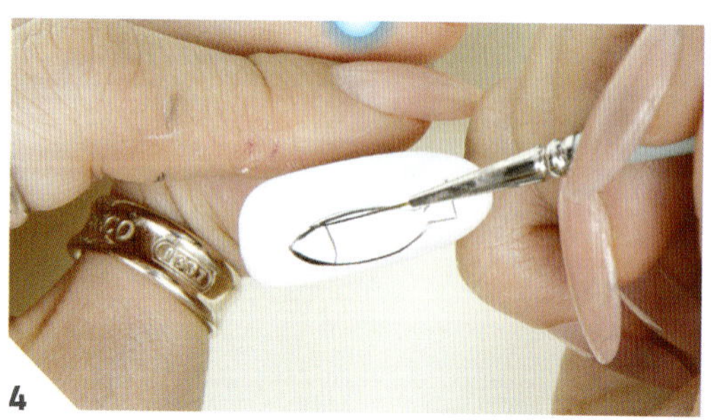

4

롱 라이너 브러시를 이용해 C-20 블랙으로 물고기의 형태와 비늘을 그리고 고정 큐어해주세요.

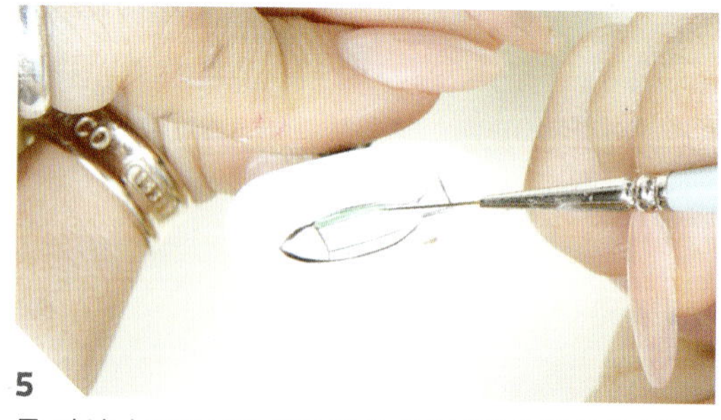

5

롱 라이너 브러시를 이용해 C-54 네온 그린으로 비늘 부분에 발라주세요.

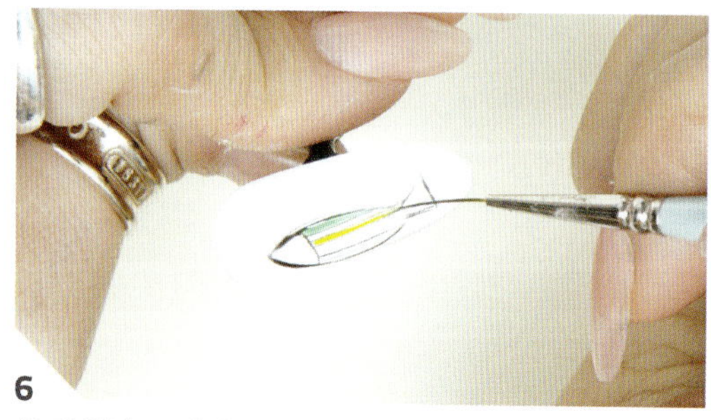

6

롱 라이너 브러시를 이용해 C-60 옐로로 비늘 부분에 발라주세요.

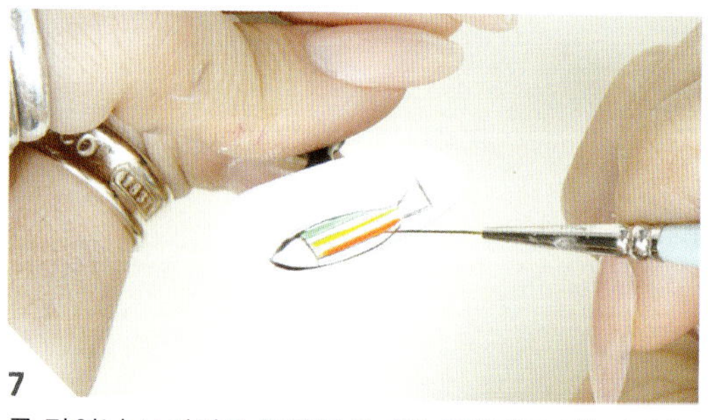

7

롱 라이너 브러시를 이용해 C-59 오렌지로 비늘 부분에 발라주세요.

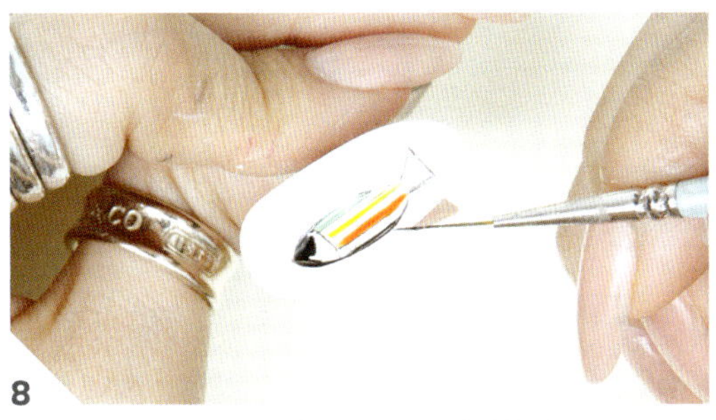

8
롱 라이너 브러시를 이용해 C-23 바이올렛 블루로
비늘 부분에 발라주세요.

9
롱 라이너 브러시를 이용해 C-23 바이올렛 블루로
물고기의 머리 부분을 채워주세요.

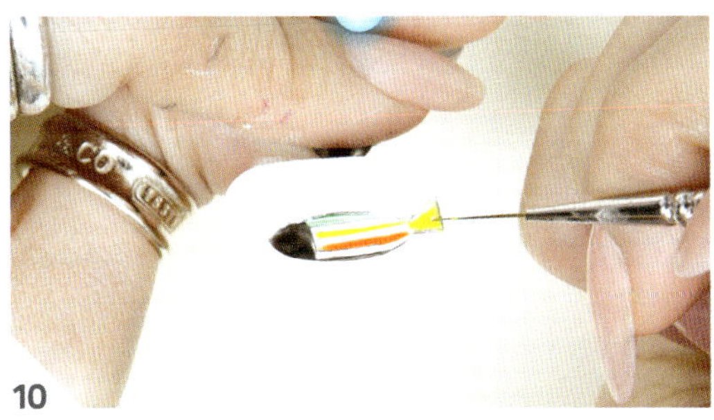

10
롱 라이너 브러시를 이용해 C-60 옐로로 물고기의
꼬리 부분을 바르고 큐어해주세요.

11
롱 라이너 브러시를 이용해 C-01 화이트로 물고기의
눈을 그리고 고정 큐어해주세요.

12
롱 라이너 브러시를 이용해 C-20 블랙으로 물고기의
눈을 그린 후 전체 테두리를 한 번 더 그리고 큐어해주
세요.

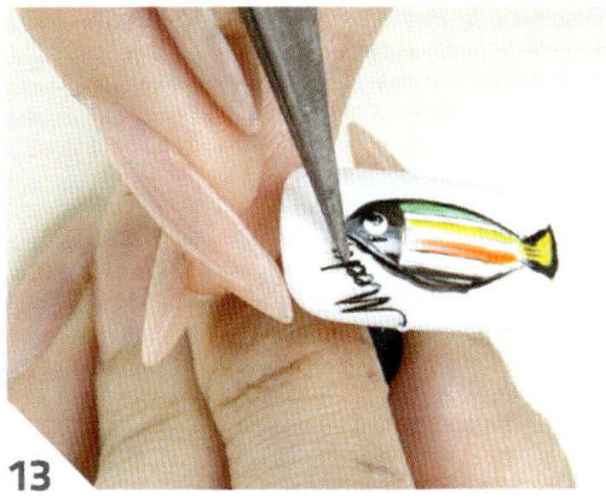

13
4번 스티커를 빈 공간에 붙여주세요.

14
탑젤을 바르고 큐어해주세요.

Glittered Diamond Art

글리터 다이아몬드 아트

1

프리퍼레이션 후 베이스젤을 전체
적으로 바르고 큐어해주세요.

2

C-01 화이트를 전체적으로 바르고
큐어해주세요.

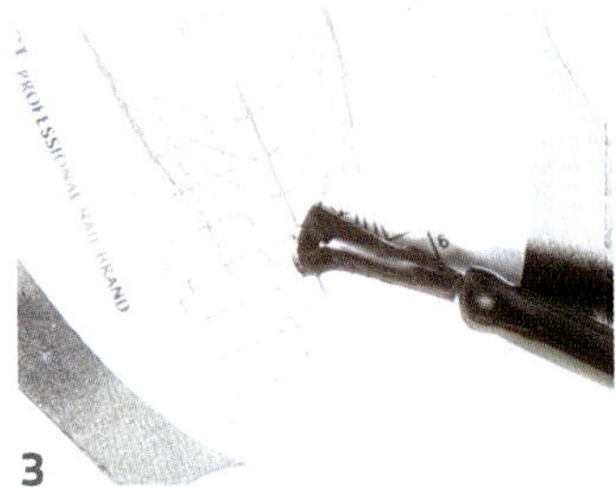

3

C-20 블랙을 덜어내세요.

4

롱 라이너 브러시를 이용해 보석
형태를 그리고 큐어해주세요.

5

G2-45 샤이닝 레드를 바르고 큐어
해주세요.

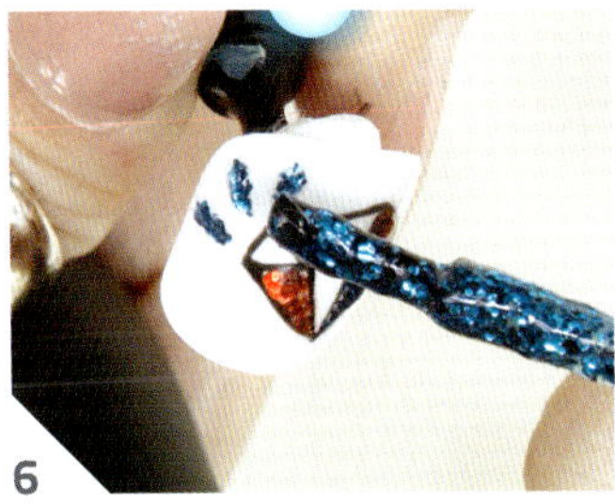

6

G2-47 샤이닝 블루를 바르고 큐어
해주세요.

7

탑젤을 바르고 큐어해주세요.

3D 지라프 엠보 아트

NCJ 탑젤
NCJ 베이스젤
NCJ 컬러젤_
C-01 화이트
NCJ 롱 라이너 브러시
NCJ
LED/UV 램프
NCJ 컬러젤_
C-27 브라운
NCJ 컬러젤_
C-59 오렌지
NCJ 컬러젤_
C-60 옐로
NCJ 엠보 브러시
NCJ 볼륨젤_화이트
NCJ nail club j
48W
CCFL-LED
Professional nail
⊕ 젤 팔레트

1
프리퍼레이션 후 베이스젤을 전체적으로 바르고 큐어해주세요.

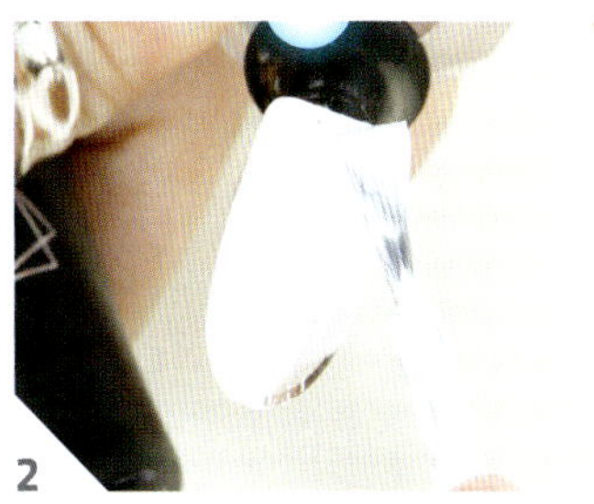

2
C-01 화이트를 전체적으로 바르고
큐어해주세요.

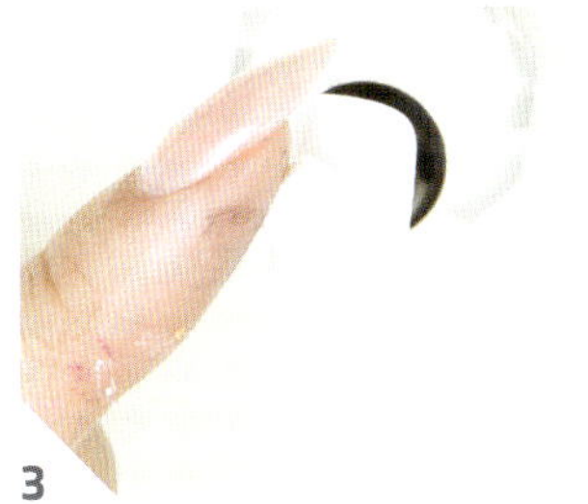

3
볼륨젤 화이트를 손으로 뭉쳐 기린
형태의 틀을 잡아주세요.

4
손톱에 올리고 엠보 브러시를 이용
해 모양을 잡아주세요.

5
C-60 옐로, C-59 오렌지, C-27
브라운을 젤 팔레트에 덜어내세요.

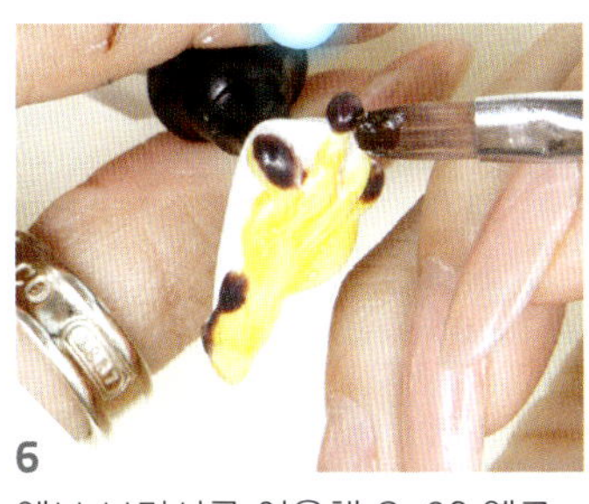

6
엠보 브러시를 이용해 C-60 옐로
로 기린의 몸통을 바르고 C-27
브라운으로 포인트를 바른 후 큐어
해주세요.

7
C-59 오렌지를 귀와 입 부분에
바른 후 볼륨젤 화이트로 눈을 만들
고 큐어해주세요.

8
C-01 화이트를 젤 팔레트에 덜어
내세요.

9
롱 라이너 브러시를 이용해 기린의
눈을 그리고 큐어해주세요.

10
탑젤을 바르고 큐어해주세요.

Glittered Heart Love Art

글리터 하트 러브 아트

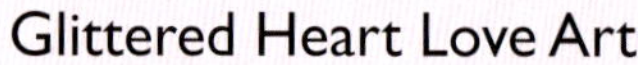

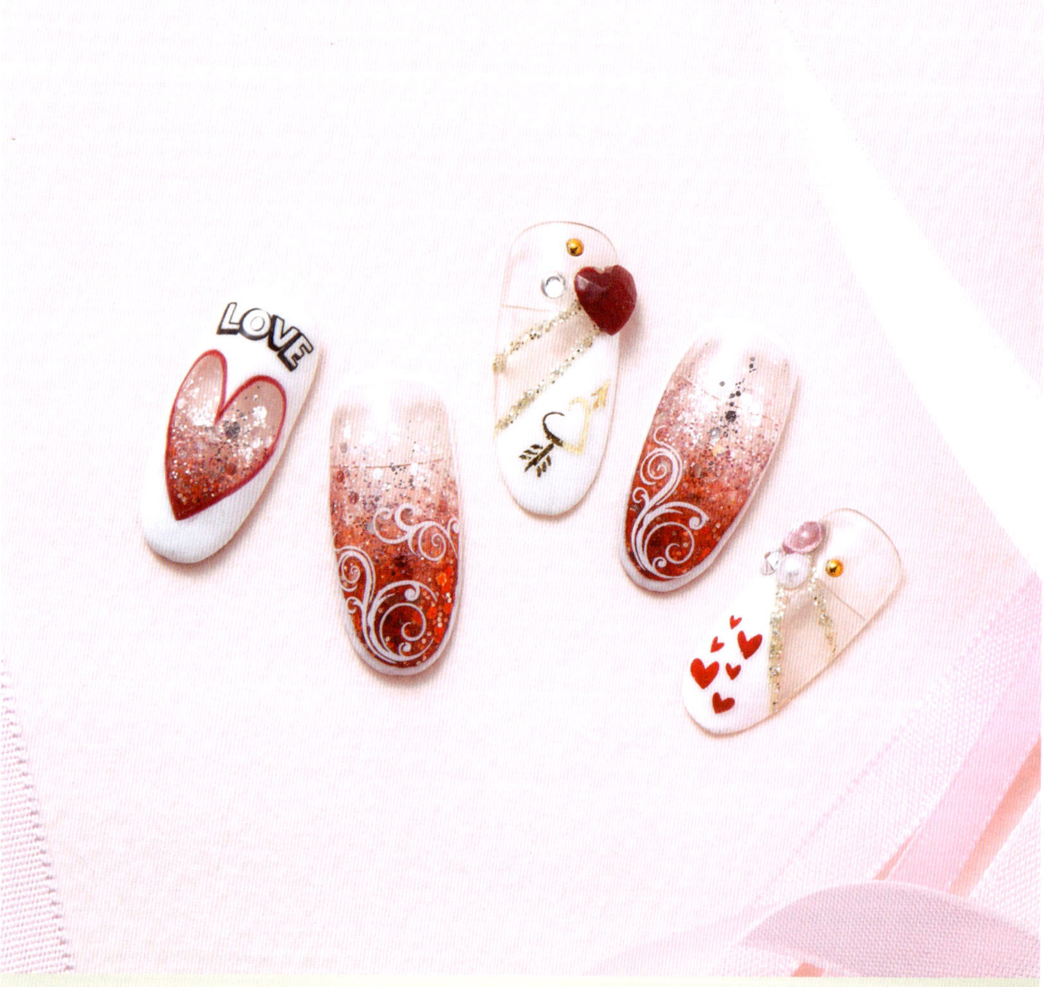

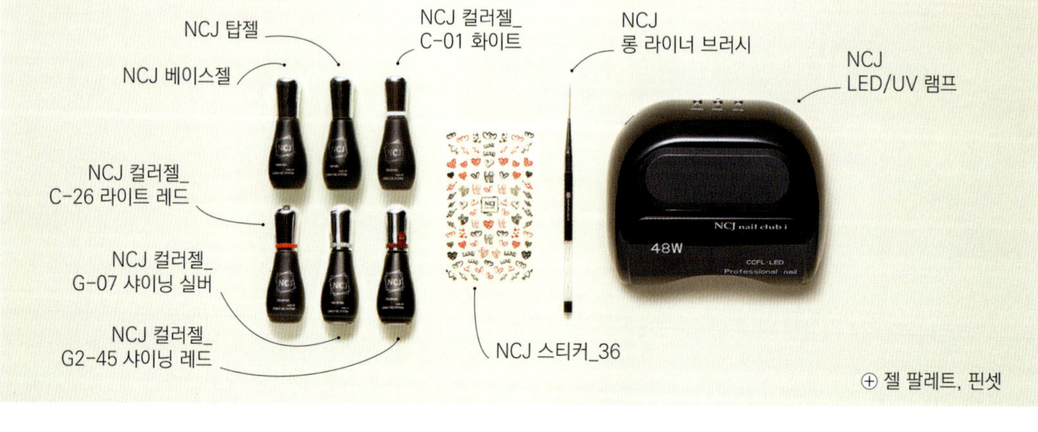

1
프리퍼레이션 후 베이스젤을 전체
적으로 바르고 큐어해주세요.

2
G-07 샤이닝 실버를 손톱의 아랫
부분에 발라주세요.

3
G2-45 샤이닝 레드를 그 아랫부분
에 바르고 큐어해주세요.

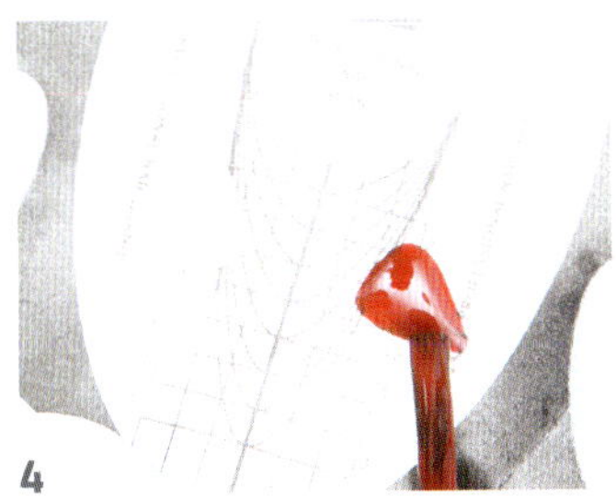

4
C-26 라이트 레드와 C-01 화이트
를 젤 팔레트에 덜어내세요.

5
롱 라이너 브러시를 이용해 C-01
화이트로 하트 형태를 그려주세요.

6
C-01 화이트로 하트를 제외한
부분을 바르고 큐어해주세요.

7
롱 라이너 브러시를 이용해 C-26
라이트 레드로 하트의 테두리를
그리고 큐어해주세요.

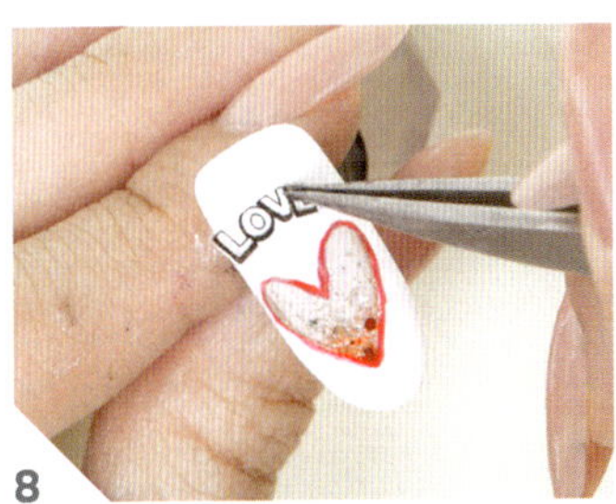

8
36번 스티커를 위에 붙여주세요.

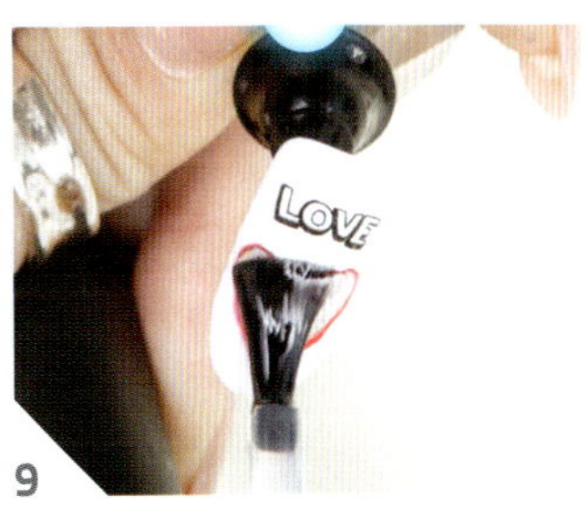

9
탑젤을 바르고 큐어해주세요.

멀티 도트 NCJ 아트

NCJ 탑젤
NCJ 베이스젤
NCJ 컬러젤_
C-51 네온 오렌지
NCJ 컬러젤_
C-53 네온 옐로
NCJ 컬러젤_
C-54 네온 그린
NCJ 컬러젤_
C-56 민트 그린
NCJ 스티커_14
NCJ 스티커_24
NCJ
LED/UV 램프
NCJ nail club j
48W
CCFL-LED
Professional nail
⊕ 젤 팔레트,
마블 스틱, 핀셋, 가위

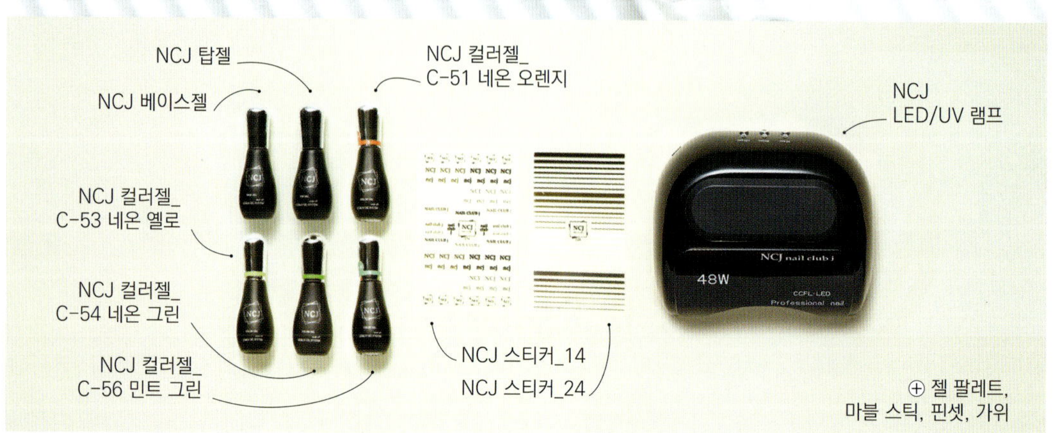

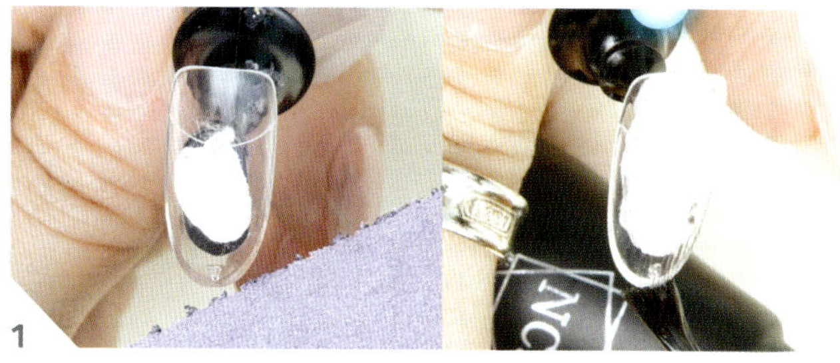

1 프리퍼레이션 후 베이스젤을 전체적으로 바르고 큐어해주세요.

C-53 네온 옐로, C-54 네온 그린, C-56 민트 그린, C-51 네온 오렌지를 젤 팔레트에 덜어내세요.

마블 스틱을 이용해 C-53 네온 옐로로 도트를 찍어주세요.

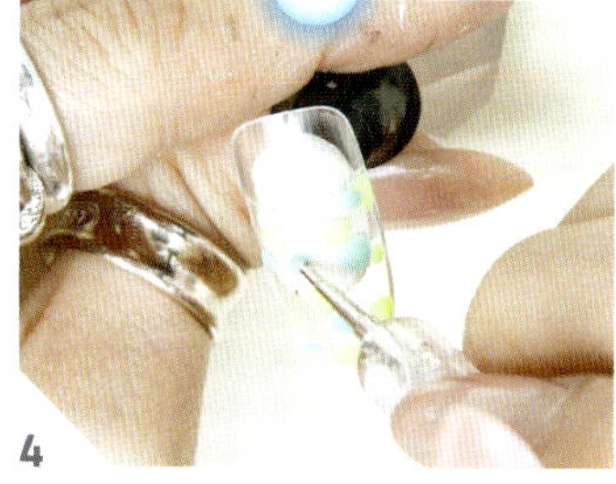

마블 스틱을 이용해 C-56 민트 그린으로 도트를 찍고 큐어해주세요.

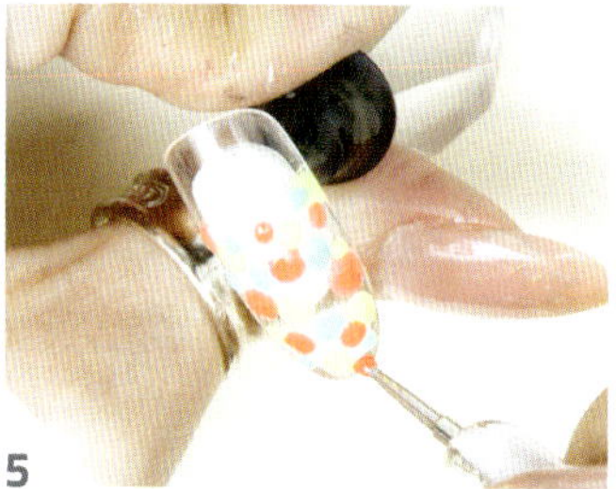

마블 스틱을 이용해 C-51 네온 오렌지로 도트를 찍어주세요.

마블 스틱을 이용해 C-54 네온 그린으로 도트를 찍고 큐어해주세요.

24번 스티커를 위아래 한 줄씩 붙여주세요.

24번 스티커 중 가느다란 라인을 붙여주세요.

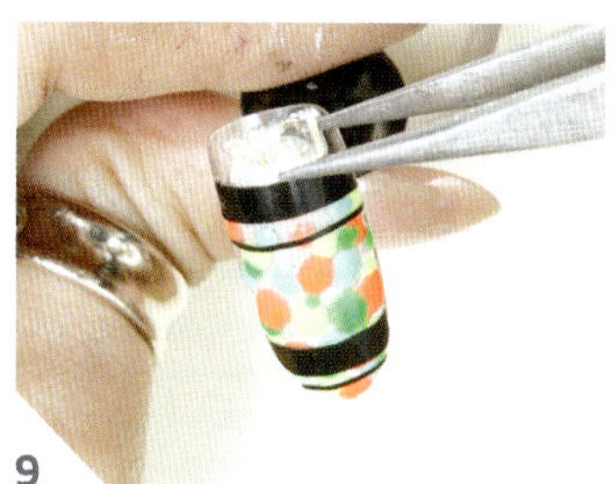

14번 스티커를 붙여주세요.

탑젤을 바르고 큐어해주세요.

Destroyed Denim Art

디스트로이드
데님 아트

NAIL CLUB

NCJ 탑젤
NCJ 베이스젤
NCJ 컬러젤_
C-01 화이트
NCJ 컬러젤_
C-61 트루 블루
NCJ 스티커_14
NCJ 스티커_18
NCJ
LED/UV 램프
⊕ 핀셋

1

프리퍼레이션 후 베이스젤을 전체적으로 바르고 큐어해주세요.

2

C-01 화이트를 전체적으로 바르고
큐어해주세요.

3

C-61 트루 블루로 데님 소재의
워싱 느낌을 표현하 고 큐어해주
세요.

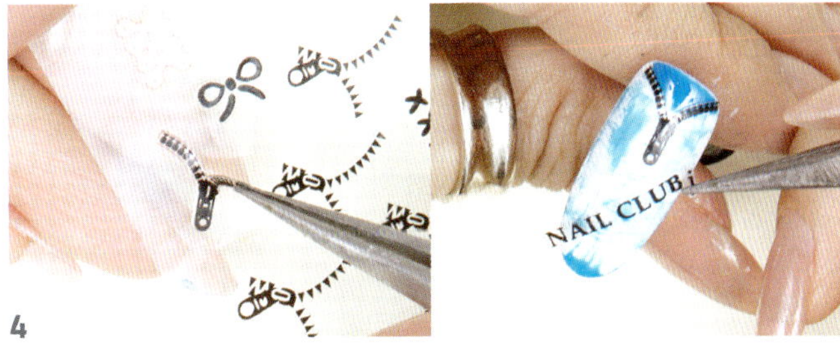

4

18번 스티커와 14번 스티커를 붙여주세요.

5

탑젤을 바르고 큐어해주세요.

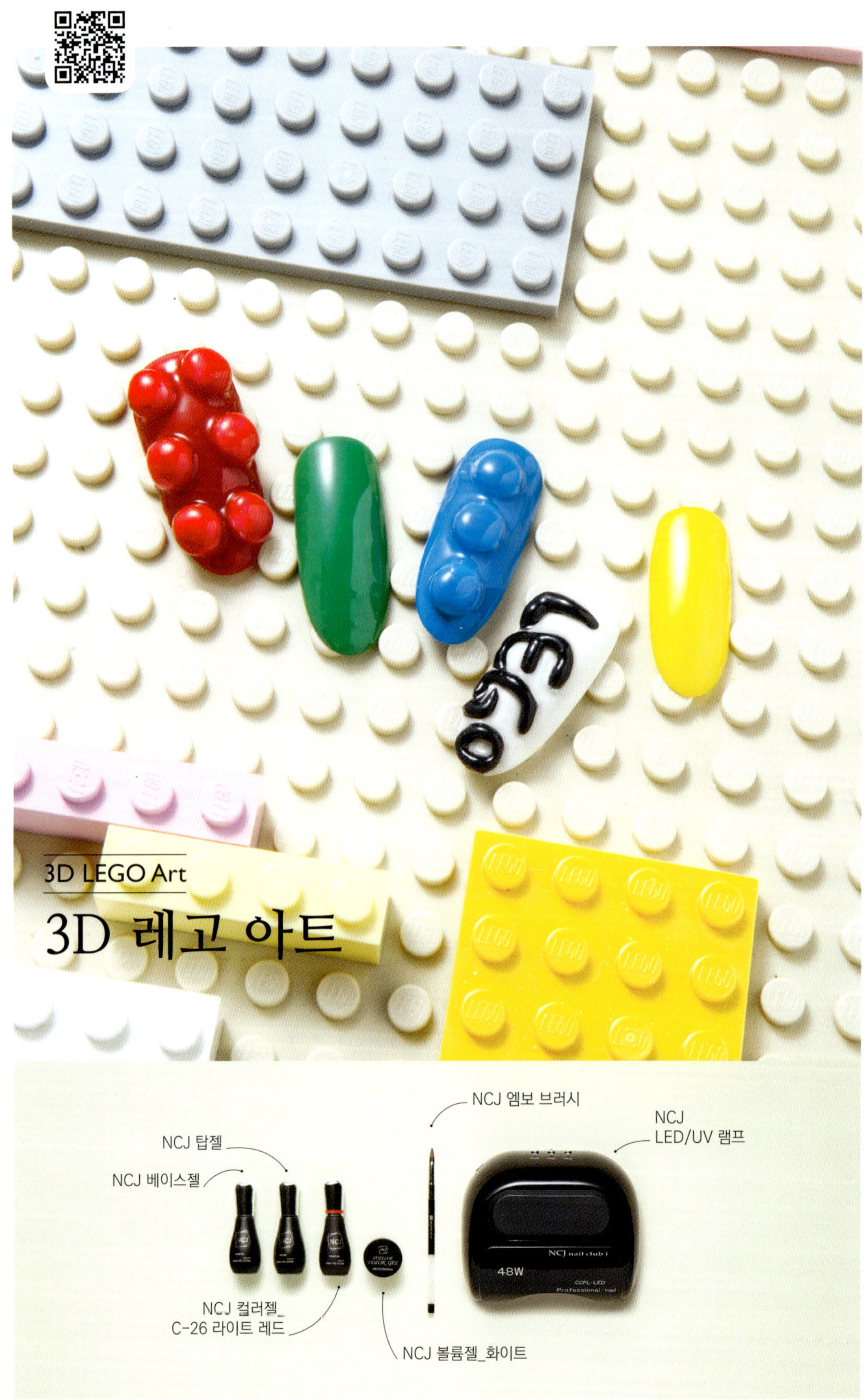

3D LEGO Art
3D 레고 아트

1

프리퍼레이션 후 베이스젤을 전체적으로 바르고 큐어해주세요.

2

C-26 라이트 레드를 전체적으로 바르고 큐어해주세요.

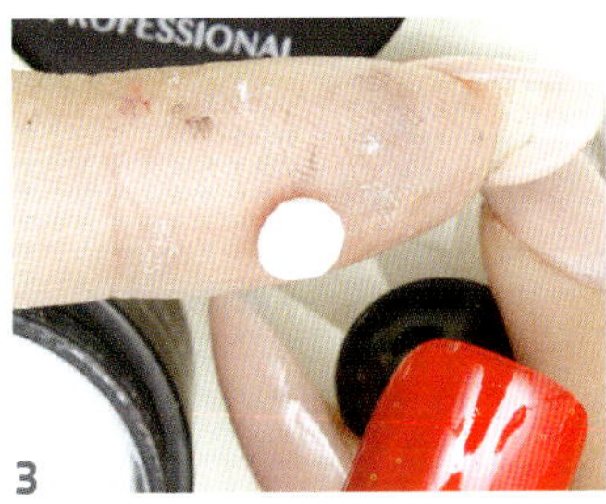

3

볼륨젤 화이트를 손으로 뭉쳐 6개의 덩어리를 만들어주세요.

4

완성된 젤 볼을 손톱 위에 올려주세요.

5

엠보 브러시로 모양을 다듬어주고 큐어해주세요.

6

입체적인 부분에 C-26 라이트 레드를 꼼꼼하게 바르고 큐어해주세요.

7

탑젤을 바르고 큐어해주세요.

Nautical Anchor Art

노티컬 앵커 아트

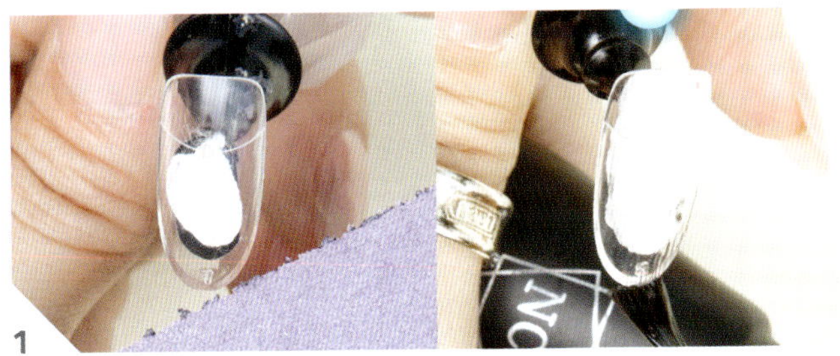

1

프리퍼레이션 후 베이스젤을 전체적으로 바르고 큐어해주세요.

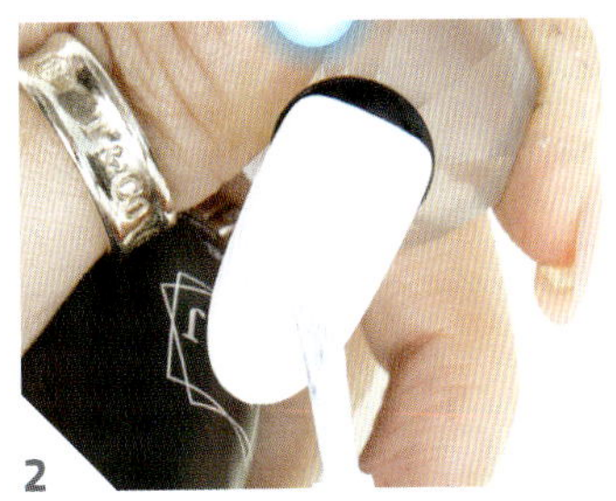

2

C-01 화이트를 전체적으로 바르고
큐어해주세요.

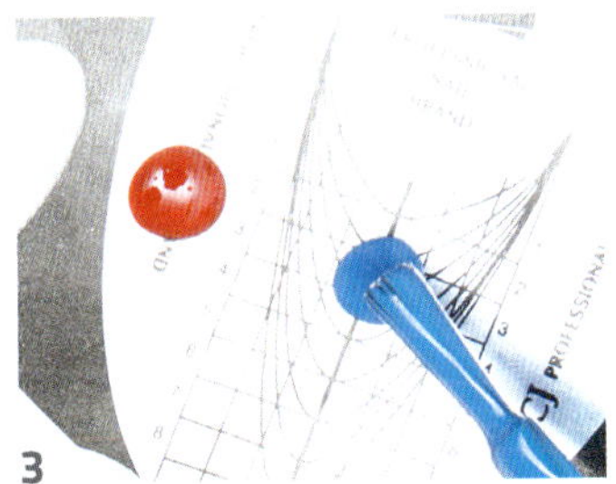

3

C-26 라이트 레드와 C-61 트루
블루를 젤 팔레트에 덜어내세요.

4

롱 라이너 브러시를 이용해 C-26
라이트 레드로 가로 라인 2줄을
그리고 큐어해주세요.

5

롱 라이너 브러시를 이용해 C-61
트루 블루로 가로 라인 2줄을 그리
고 큐어해주세요.

6

롱 라이너 브러시를 이용해 C-61
트루 블루로 손톱 중앙에 닻 모양을
디자인하고 큐어해주세요.

7

탑젤을 바르고 큐어해주세요.

블랙 글리터 레터링 아트

NCJ 탑젤
NCJ 베이스젤
NCJ 코팅젤
NCJ
LED/UV 램프
NCJ 컬러젤_
C-20 블랙
NCJ 컬러젤_
G-18 블랙
홀로그램 펄
NCJ 스티커_31
NCJ 스티커_35
48W
NCJ nail club
CCFL-LED
Professional nail
⊕ 핀셋

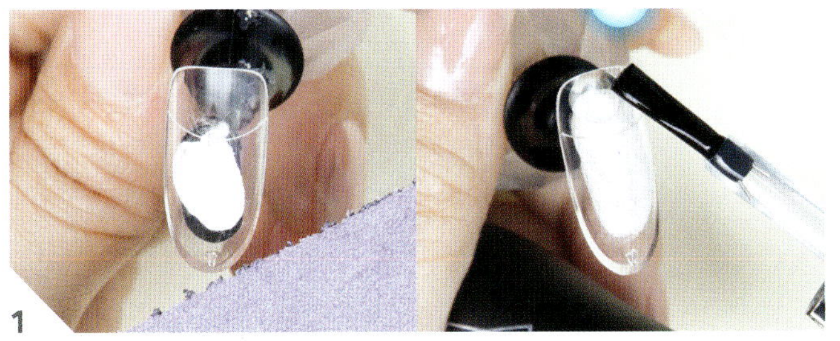

1

프리퍼레이션 후 베이스젤을 전체적으로 바르고 큐어해주세요.

2

C-20 블랙을 전체적으로 바른 후 큐어해주세요.

3

G-18 블랙 홀로그램 펄을 전체적d 으로 바른 후 큐어해주세요.

4

코팅젤을 발라주세요.

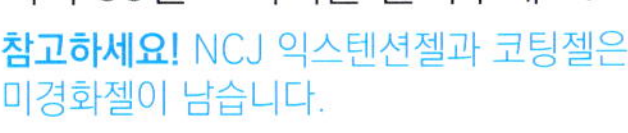

5

미경화젤을 닦아낸 다음 31번 스티 커와 35번 스티커를 붙여주세요.

참고하세요! NCJ 익스텐션젤과 코팅젤은 미경화젤이 남습니다.

6

탑젤을 전체적으로 바른 후 큐어해 주세요.

Blue Denim Stud Art

블루 데님 스터드 아트

⊕ 젤 팔레트, 골드 라운드 스터드, 글루, 글루 드라이, 핀셋, 스펀지

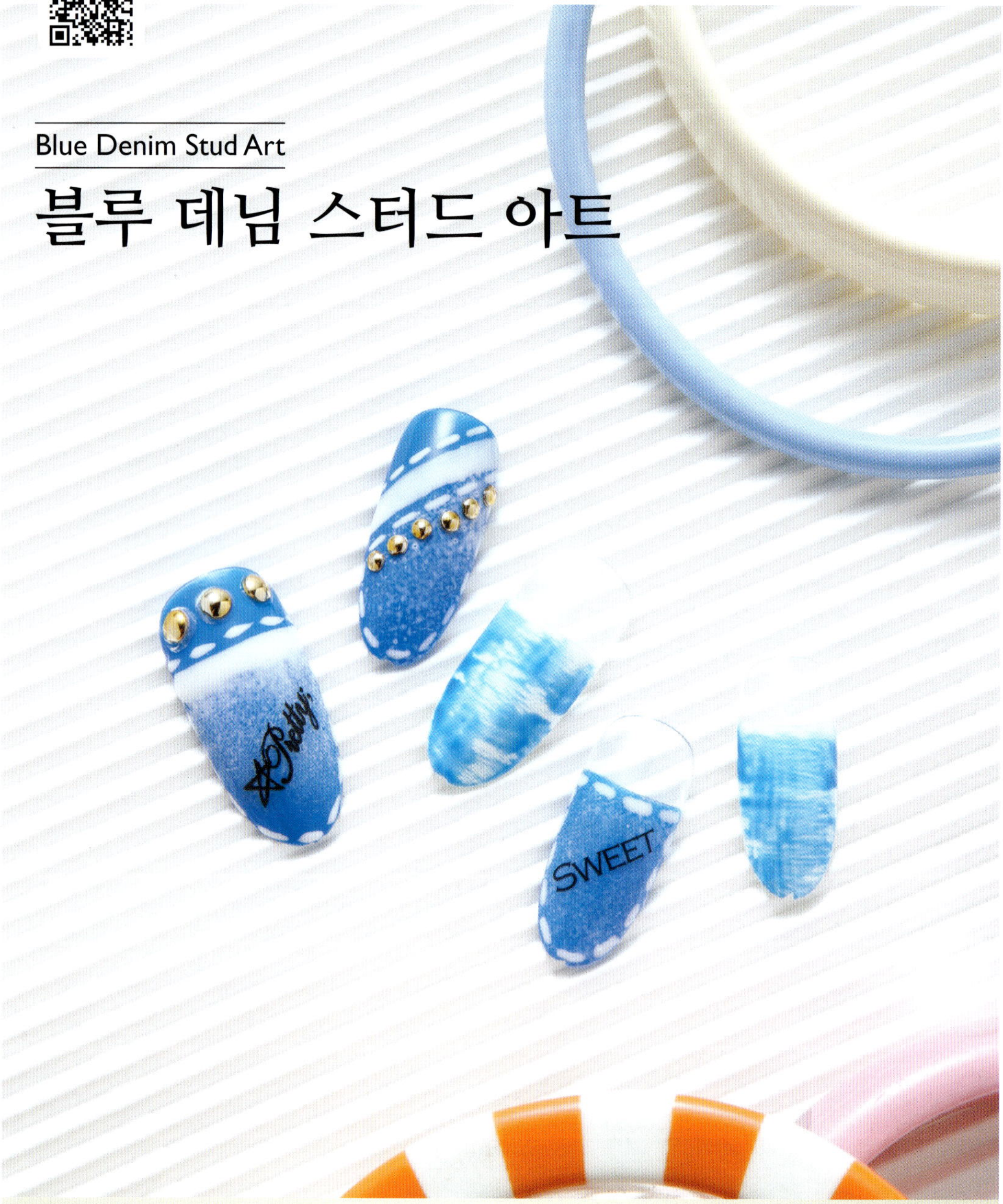

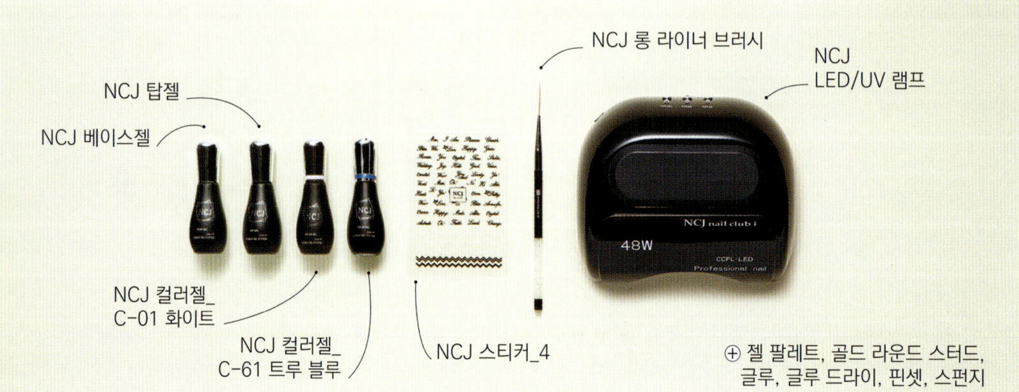

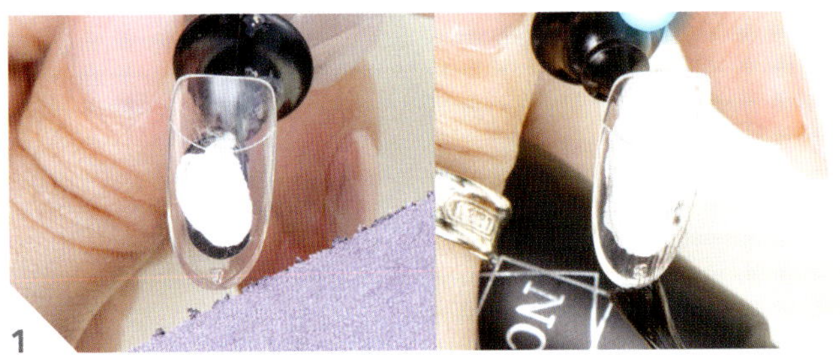

1

프리퍼레이션 후 베이스젤을 전체적으로 바르고 큐어해주세요.

2

C-61 트루 블루를 전체적으로 바르고 큐어해주세요.

3

C-01 화이트를 젤 팔레트에 덜어 내세요.

4

롱 라이너 브러시를 이용해 C-01 화이트로 가로 라인을 그려주세요.

5

롱 라이너 브러시를 이용해 C-01 화이트로 스티치 라인을 그리고 큐어해주세요.

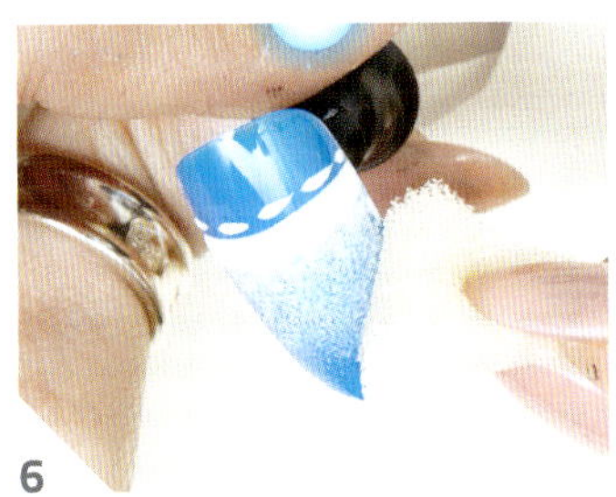

6

스펀지를 이용해 C-01 화이트를 손톱 표면에 두드려주고 큐어해 주세요.

7

4번 스티커를 붙여주세요.

8

탑젤을 바르고 큐어해주세요.

9

글루를 발라주세요.

10

골드 라운드 스터드를 장식하고 글루 드라이를 뿌려주세요.

오렌지 스트라이프 리본 아트

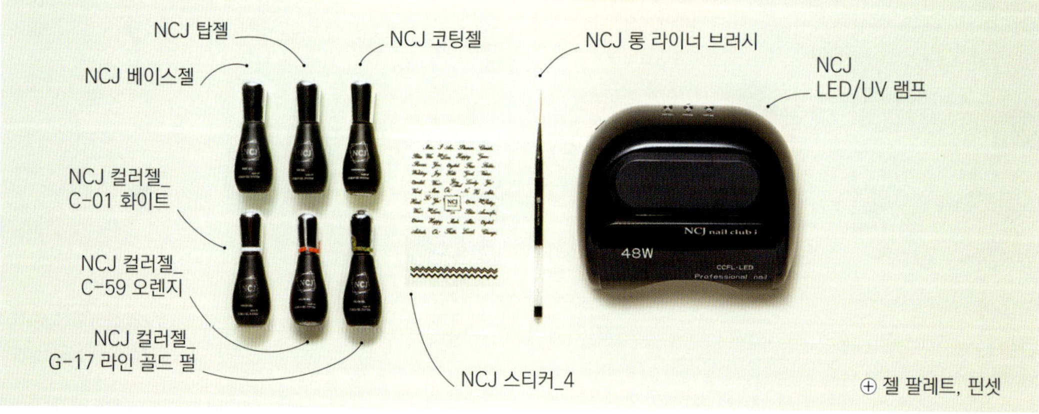

⊕ 젤 팔레트, 핀셋

1
프리퍼레이션 후 베이스젤을 전체적으로 바르고 큐어해주세요.

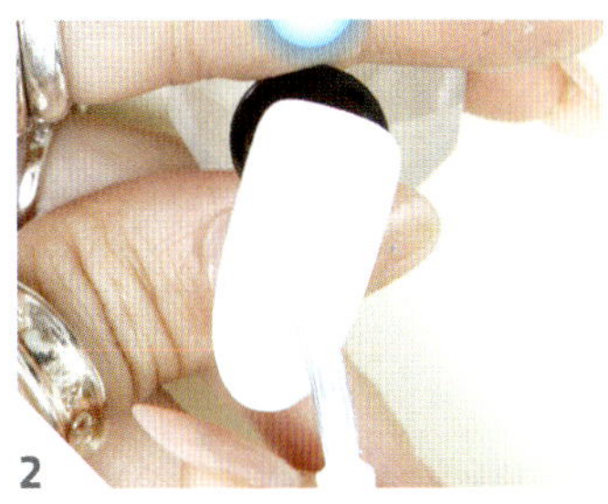

2
C-01 화이트를 전체적으로 바르고 큐어해주세요.

3
C-59 오렌지와 C-01 화이트를 젤 팔레트에 덜어내세요.

4
롱 라이너 브러시를 이용해 C-59 오렌지로 리본의 테두리를 그리고 라운드 브러시로 안을 채워준 후 큐어해주세요.

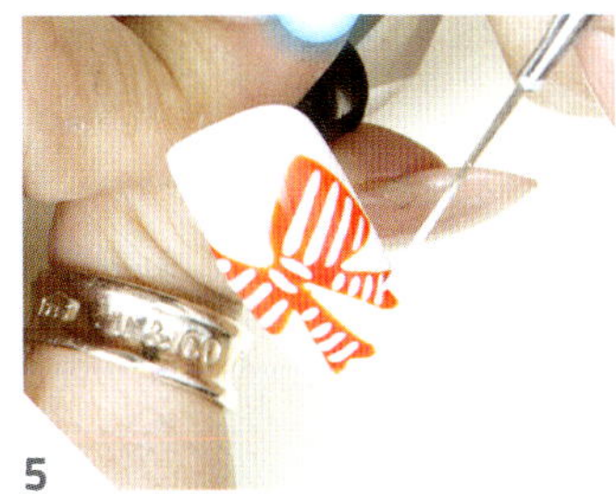

5
롱 라이너 브러시를 이용해 C-01 화이트로 리본에 스트라이프 패턴을 그리고 큐어해주세요.

6
G-17 라인 골드 펄을 젤 팔레트에 덜어내세요.

7
롱 라이너 브러시를 이용해 G-17 라인 골드 펄로 리본 주변의 테두리를 그리고 큐어해주세요.

8
4번 스티커를 리본 위에 붙여주세요.

9
리본 위에 코팅젤을 올려 도톰하게 만들고 큐어해주세요.

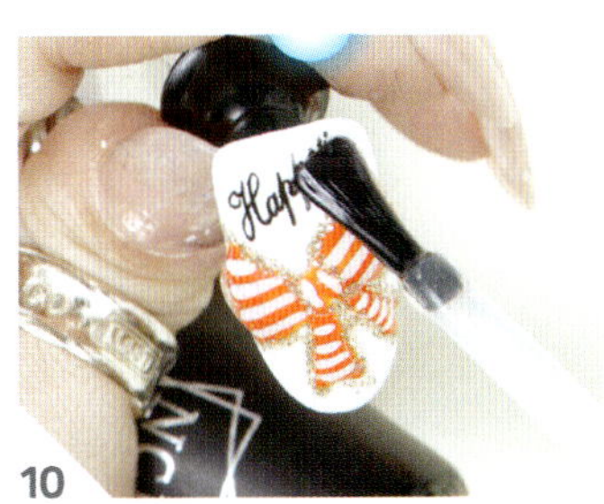

10
탑젤을 바르고 큐어해주세요.

마카롱 디저트 아트

NCJ 베이스젤
NCJ 탑젤
NCJ 컬러젤_
C-06
파스텔 블루
NCJ 컬러젤_
C-10 모브
NCJ 컬러젤_
C-08 누드
NCJ 컬러젤_
G-17
라인 골드 펄
NCJ 컬러젤_
C-28 다크
브라운
NCJ 볼륨젤_
화이트
NCJ
라운드 브러시
NCJ 롱 라이너
브러시
NCJ LED/UV 램프

⊕ 젤 팔레트, 푸셔

1 프리퍼레이션 후 베이스젤을 전체적으로 바르고 큐어해주세요.

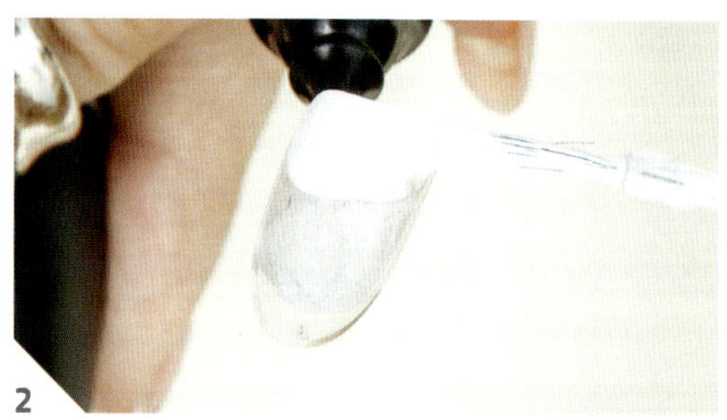

2 C-06 파스텔 블루를 손톱의 윗부분에 발라주세요.

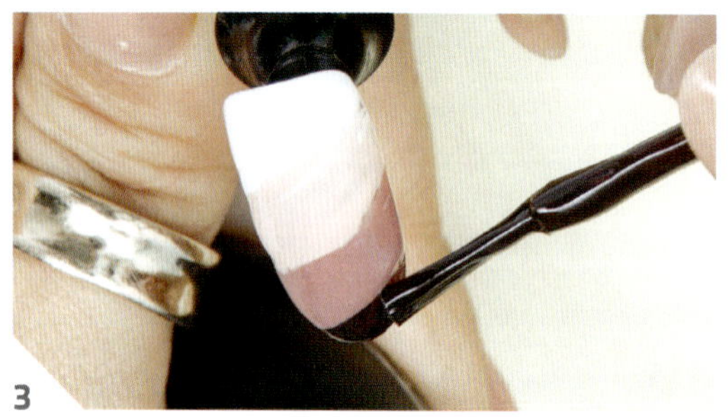

3 C-08 누드와 C-10 모브, C-28 다크 브라운을 순서대로 발라주세요.

4 롱 라이너 브러시를 이용해 컬러를 세로로 당겨주고 큐어해주세요.

5 G-17 라인 골드 펄을 젤 팔레트에 덜어내세요.

6 롱 라이너 브러시를 이용해 손톱의 테두리를 그리고 큐어해주세요.

7 볼륨셀 화이트를 푸셔로 떠서 손으로 말아주세요.

8 만든 젤 볼을 손톱 위에 올리고 모양을 만든 후 고정 큐어해주세요.

* 큐어는 LED/UV 30초, 고정 큐어는 LED/UV 3초

9

볼륨젤 화이트를 이용해 나머지 젤 볼들을 올리고 큐어
해주세요.

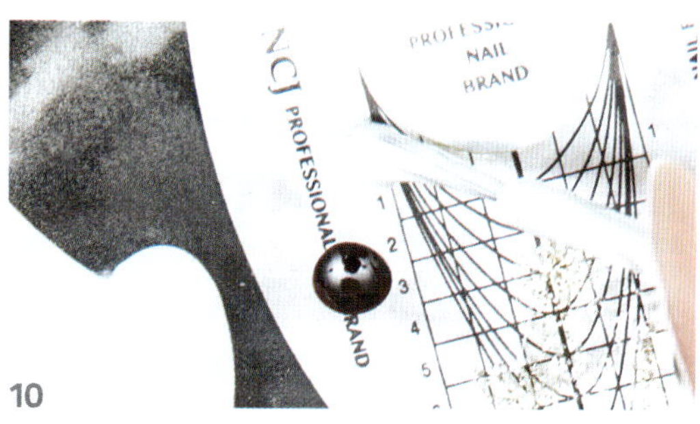

10

C-28 다크 브라운과 C-01 화이트를 젤 팔레트에 덜어
내세요.

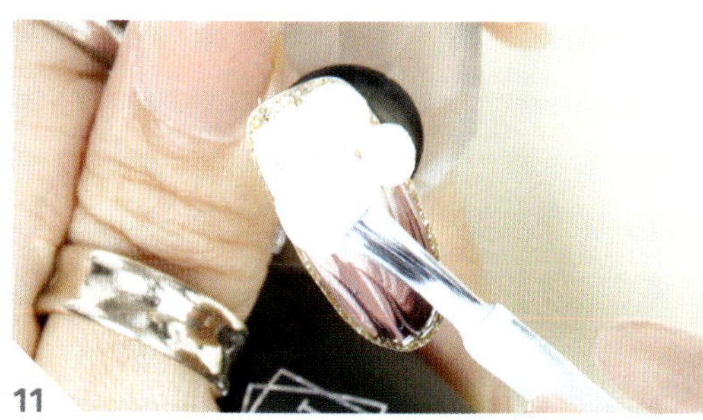

11

C-06 파스텔 블루로 젤 볼을 발라주세요,

12

C-28 다크 브라운으로 젤 볼을 발라주세요.

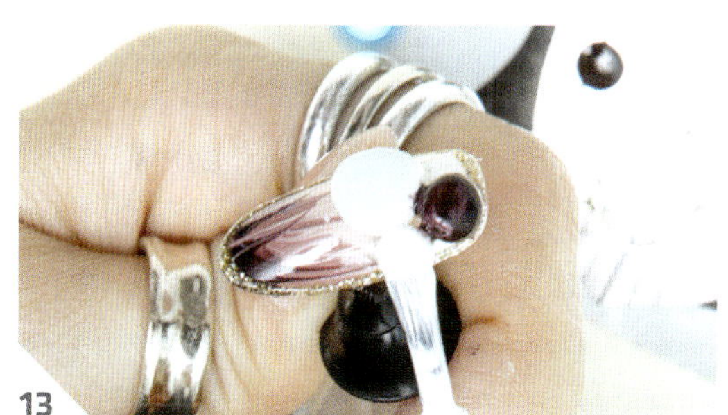

13

C-01 화이트로 젤 볼을 바르고 큐어해주세요.

14

C-01 화이트를 장식해주세요.

15

C-28 다크 브라운을 장식하고 큐어해주세요.

16

탑젤을 바르고 큐어해주세요.

스페이스 글리터 아트

NCJ 탑젤
NCJ 베이스젤
NCJ 컬러젤_
C-01 화이트
NCJ 라운드 브러시
NCJ
LED/UV 램프
NCJ 컬러젤_
C-20 블랙
NCJ 컬러젤_
G-18 블랙 홀로그램 펄
NCJ 컬러젤_
P-06 라인 실버 펄
NCJ 롱 라이너 브러시
⊕ 젤 팔레트
48W
NCJ nail club i
CCFL-LED
Professional nail

1

프리퍼레이션 후 베이스젤을 전체
적으로 바르고 큐어해주세요.

2

C-20 블랙을 손톱의 아랫부분에
바르고 큐어해주세요.

3

P-06 라인 실버 펄을 그 위에 발라
주세요.

4

G-18 블랙 홀로그램 펄을 그 위에
바르고 큐어해주세요.

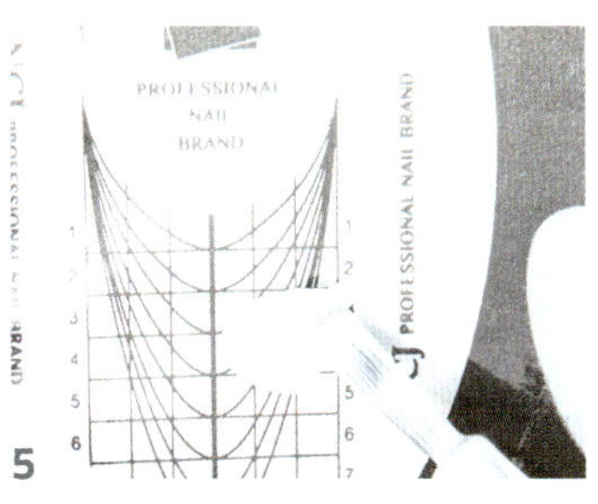

5

C-01 화이트를 젤 팔레트에 덜어
내세요.

6

롱 라이너 브러시를 이용해 별을
디자인한 후 큐어해주세요.

7

라운드 브러시로 옆쪽에 행성을
디자인한 후 큐어해주세요.

8

탑젤을 바르고 큐어해주세요.

그린 시티 레터링 아트

NCJ 베이스젤
NCJ 탑젤
NCJ 컬러젤_
C-02
파스텔 그린
NCJ 컬러젤_
C-22 다크 그린
NCJ 컬러젤_
C-20 블랙
NCJ 컬러젤_
C-31 딥 그린
NCJ 컬러젤_
P-16
메탈릭 골드
NCJ 스티커_20
NCJ
팬 브러시
NCJ 롱 라이너
브러시
NCJ LED/UV 램프
⊕ 젤 팔레트, 핀셋

1 프리퍼레이션 후 베이스젤을 전체적으로 바르고 큐어해 주세요.

2 C-02 파스텔 그린을 전체적으로 발라주세요.

3 C-31 딥 그린을 불규칙적으로 발라주세요.

4 C-22 다크 그린을 불규칙적으로 발라주세요.

5 팬 브러시를 이용해 마블을 시켜주세요.

6 C-22 다크 그린을 한쪽 면에 떨어뜨려주세요.

7 팬 브러시를 이용해 마블을 시켜주고 큐어해주세요.

8 20번 스티커를 붙여주세요.

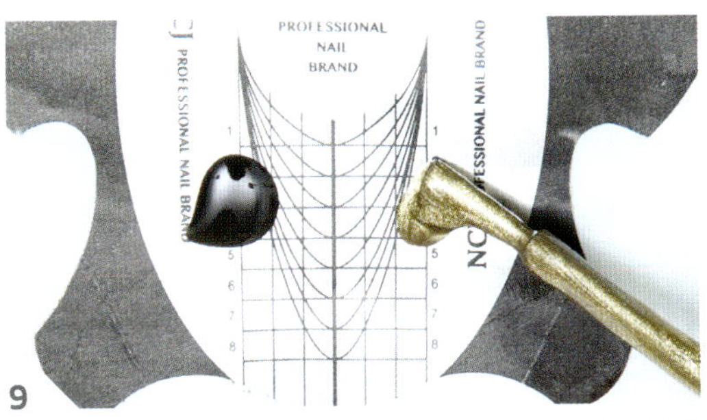

9

C-20 블랙과 P-16 메탈릭 골드를 젤 팔레트에 덜어내
세요.

10

롱 라이너 브러시를 이용해 C-20 블랙으로 라인을 도톰
하게 그리고 큐어해주세요.

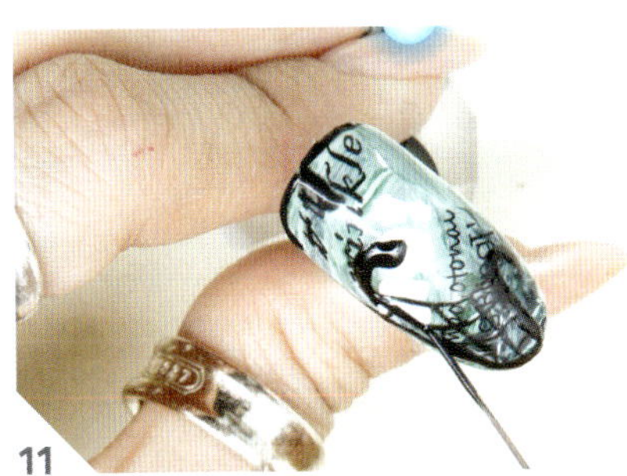

11

10번 과정을 반복하세요.

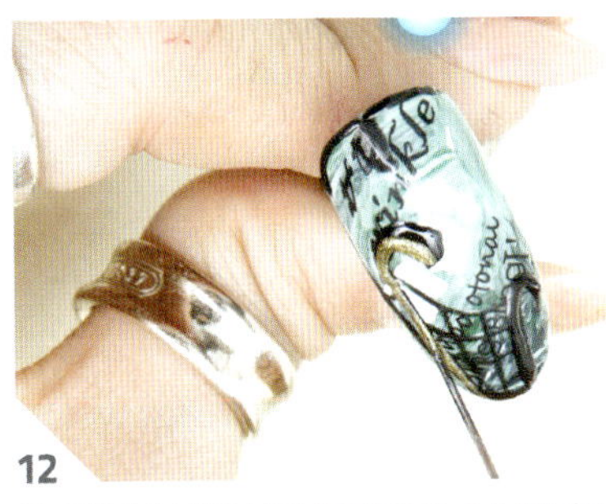

12

롱 라이너 브러시를 이용해 P-16 메탈릭 골드로 라인을
한 번 더 그리고 큐어해주세요.

13

탑젤을 바르고 큐어해주세요.

베티붑 캐릭터 3D 아트

NCJ 베이스젤
NCJ 탑젤
NCJ 컬러젤_
C-05
파스텔 오렌지
NCJ 컬러젤_
C-56 민트 그린
NCJ 컬러젤_
C-20 블랙
NCJ 볼륨젤_화이트
NCJ 마이크로
라이너 브러시
NCJ
엠보 브러시
NCJ LED/UV 램프

⊕ 젤 팔레트, 푸셔, 마블 스틱

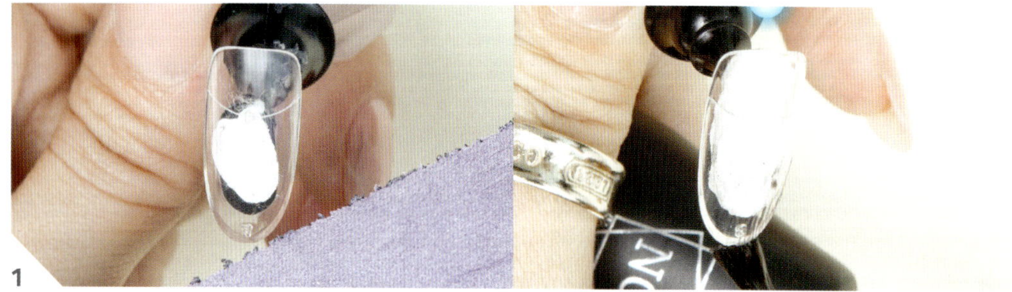

1

프리퍼레이션 후 베이스젤을 전체적으로 바르고 큐어해주세요.

2

C-05 파스텔 오렌지를 반만 바르고 큐어해주세요.

3

C-56 민트 그린으로 나머지 반을 바르고 큐어해주세요.

4

볼륨젤 화이트를 푸셔로 떠주세요.

5

손으로 2개의 젤 볼을 말아 경계선 쪽에 올려주세요.

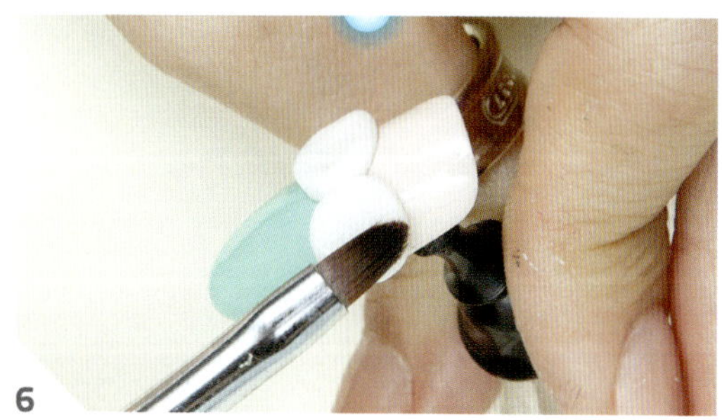

6

앰보 브러시를 이용해 모양을 만들고 큐어해주세요.

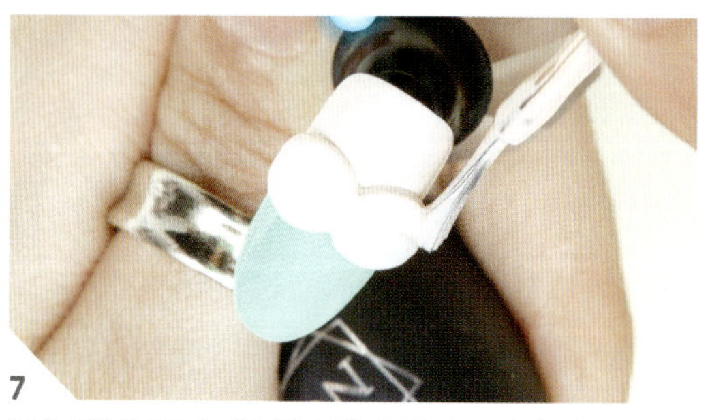

7

가슴 윗부분에 C-05 파스텔 오렌지로 반만 바르고
큐어해주세요.

8

가슴 아랫부분에 C-56 민트 그린으로 나머지 반을
바르고 큐어해주세요.

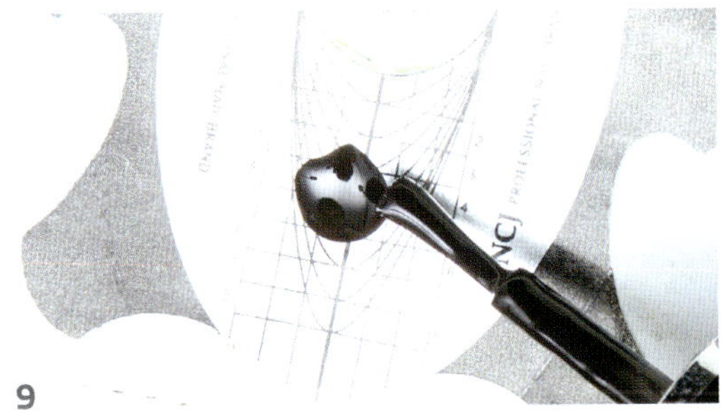

9

C-20 블랙을 젤 팔레트에 덜어내세요.

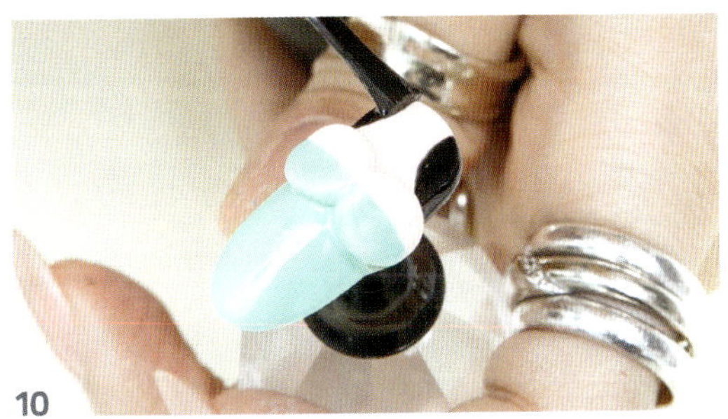

10

머리카락을 그려주세요.

11

마블 스틱을 이용해 옷 부분에 도트를 찍고 큐어해주
세요.

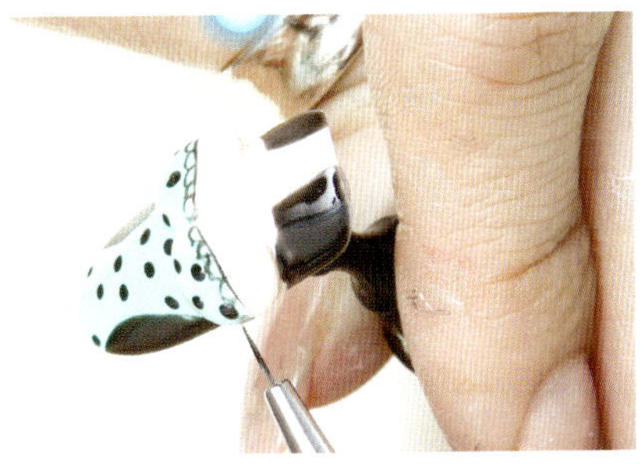

12

마이크로 라이너 브러시를 이용해 프릴을 표현하고
큐어해주세요.

13

탑젤을 바르고 큐어해주세요.

화이트 페더 프렌치 아트

162

1 프리퍼레이션 후 베이스젤을 전체적으로 바르고 큐어해주세요.

2 C-01 화이트로 프렌치를 디자인하고 큐어해주세요.

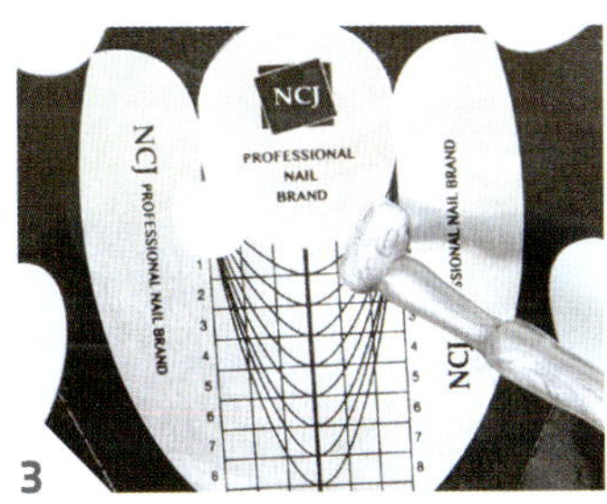

3 C-01 화이트와 P-17 메탈릭 실버를 젤 팔레트에 덜어내세요.

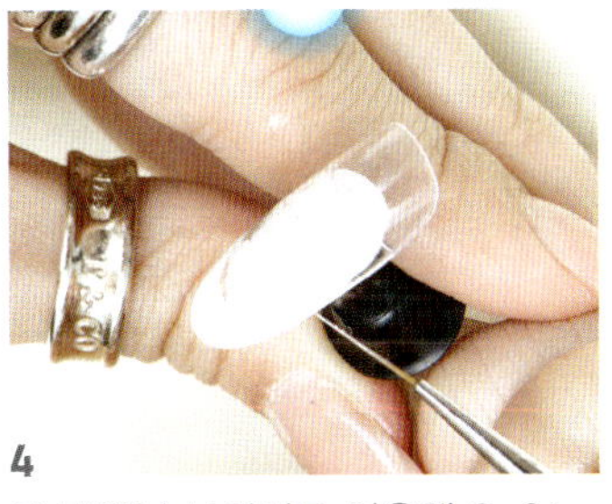

4 롱 라이너 브러시를 이용해 C-01 화이트로 깃털을 그리고 큐어해주세요.

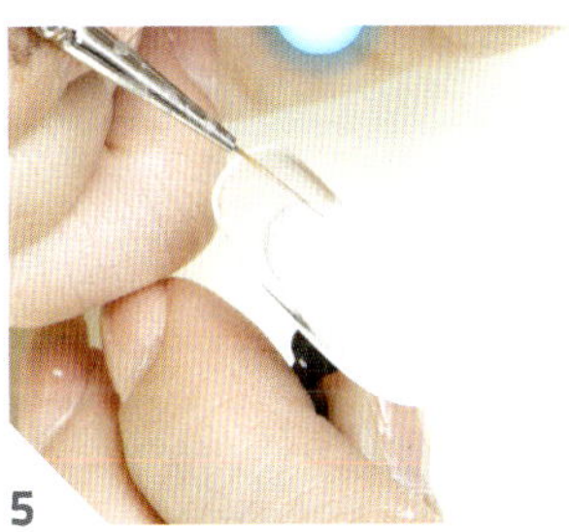

5 롱 라이너 브러시를 이용해 C-01 화이트로 깃털 사이에 디테일을 그리고 큐어해주세요.

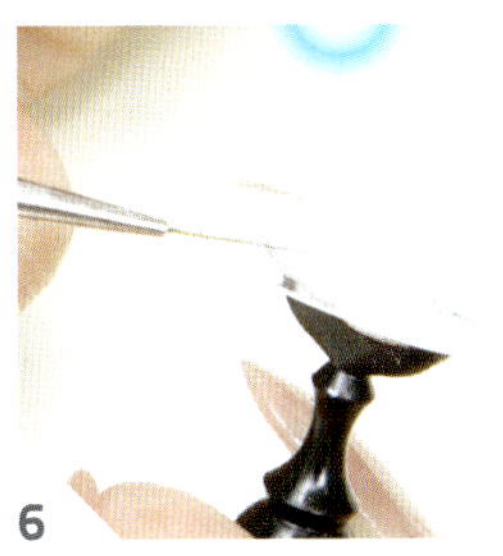

6 롱 라이너 브러시를 이용해 P-17 메탈릭 실버로 깃털의 음영을 표현하고 큐어해주세요.

7 탑젤을 바르고 큐어해주세요.

Brown Feather Stone Art
브라운 페더 스톤 아트

1

프리퍼레이션 후 베이스젤을 전체
적으로 바르고 큐어해주세요.

2

C-01 화이트를 전체적으로 바르고
큐어해주세요.

3

C-27 브라운으로 사선 형태로
발라주세요.

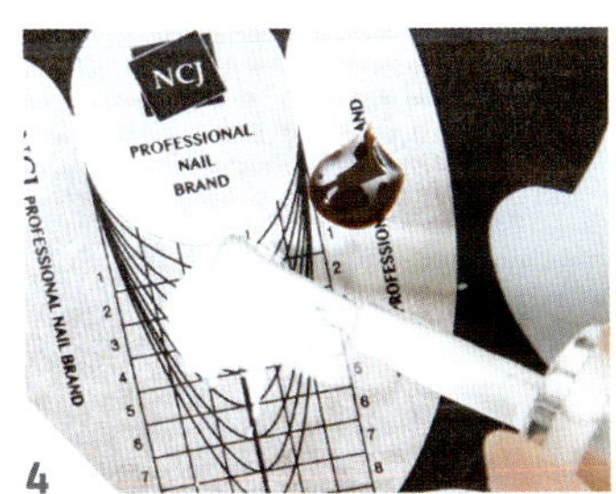

4

C-01 화이트와 C-27 브라운을
젤 팔레트에 덜어내세요.

5

롱 라이너 브러시를 이용해 C-27
브라운으로 깃털의 디테일을 표현
하고 큐어해주세요.

6

데이지 브러시를 이용해 C-01 화이
트를 깃털 위에 둥글게 떨어뜨리고
롱 라이너 브러시를 이용해 도트
부분의 꼬리를 빼준 후 큐어해주세요.

7

탑젤을 발라주세요.

8

실버 라운드 스터드와 스톤, 진주 참
등을 장식한 후 큐어해주세요.

Chocolate Waffle Checkered Art

초콜릿 와플 체크 아트

NCJ 탑젤
NCJ 베이스젤
NCJ 컬러젤_
C-01 화이트
NCJ
롱 라이너 브러시
NCJ
LED/UV 램프
NCJ 컬러젤_
C-20 블랙
NCJ 컬러젤_
C-27 브라운
NCJ 컬러젤_
C-28 다크 브라운
NCJ 컬러젤_G-18
블랙 홀로그램 펄
⊕ 젤 팔레트, 스펀지, 파츠,
핀셋, 글루, 글루 드라이
NCJ nail club i
48W
CCFL-LED
Professional nail

1

프리퍼레이션 후 베이스젤을 전체
적으로 바르고 큐어해주세요.

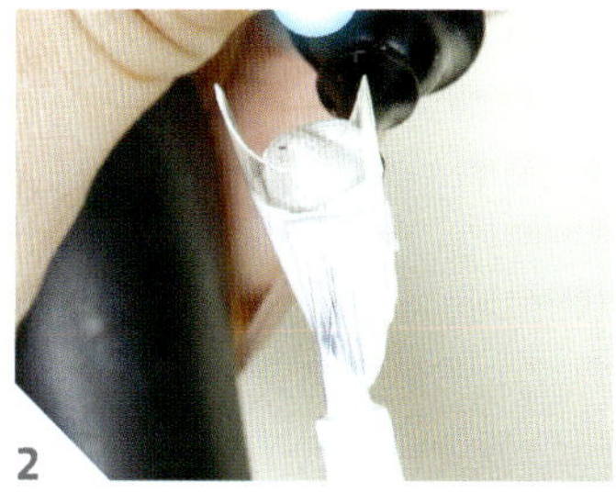

2

C-01 화이트를 손톱의 3분의 2 지점
까지 바르고 큐어해주세요.

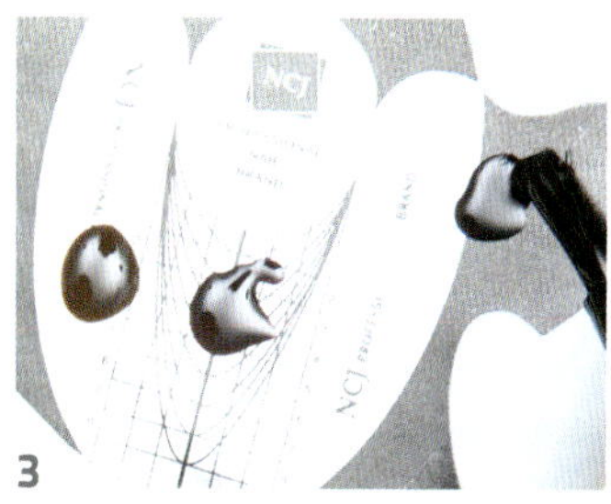

3

C-01 화이트, C-20 블랙, C-28
다크 브라운, C-27 브라운을 젤
팔레트에 덜어내세유

4

스펀지를 이용해 C-27 브라운과
C-28 다크 브라운을 그 아랫부분
에 두드려주세요.

5

롱 라이너 브러시를 이용해 C-20
블랙으로 체크 패턴을 디자인해주
세요.

6

롱 라이너 브러시를 이용해 C-01
화이트로 체크 패턴을 디자인해주
세요.

7

스펀지를 이용해 C-20 블랙을
손톱에 불규칙적으로 찍고 큐어해
주세요.

8

G-18 블랙 홀로그램 펄을 빈 공간
에 바르고 큐어해주세요.

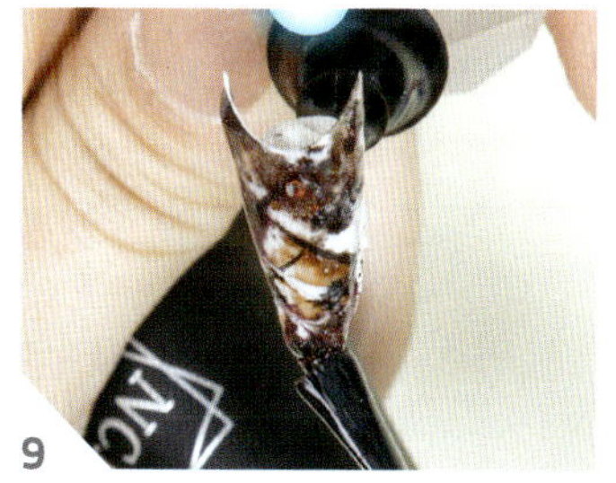

9

탑젤을 바르고 큐어해주세요.

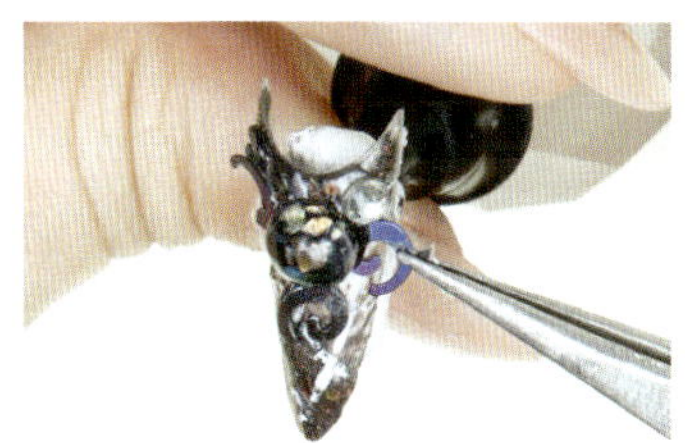

10

글루를 바르고 파츠를 장식한 후
글루 드라이를 뿌려주세요.

Summer Glittered Seashell Art

서머 글리터 시쉘 아트

NCJ 탑젤
NCJ 베이스젤
NCJ
LED/UV 램프
NCJ 컬러젤_
C-01 화이트
NCJ 컬러젤_
C-61 트루 블루
NCJ 컬러젤_
G2-19 파스텔 블루
NCJ nail club i
48W
CCFL-LED
Professional nail
⊕ 스터드

1

프리퍼레이션 후 베이스젤을 전체 적으로 바르고 큐어해주세요.

2

C-01 화이트를 손톱의 반만 세로 로 발라주세요.

3

C-61 트루 블루를 나머지 부분에 발라주세요.

4

C-61 트루 블루로 두 컬러의 경계 를 자연스럽게 없애고 큐어해주 세요.

5

G2-19 파스텔 블루를 손톱의 중앙 에 물방울 형태로 볼록하게 올리고 고정 큐어해주세요.

6

G2-19 파스텔 블루를 그 옆에 같은 형태로 약간 작게 올리고 고정 큐어해주세요.

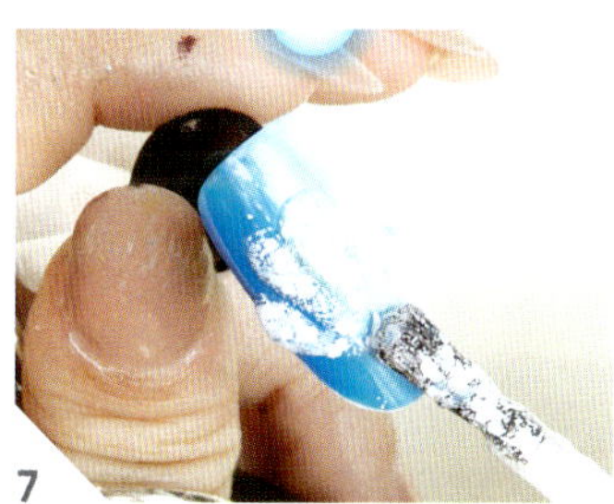

7

G2-19 파스텔 블루를 반대편도 같은 형태로 점점 작게 대칭이 되도 록 올리고 고정 큐어해주세요.

8

탑젤을 발라주세요.

9

스터드를 장식하고 큐어해주세요.

Pastel Powder Room Art
파스텔 파우더룸 테마 아트
NCJ 컬러젤_
C-02 파스텔 그린
NCJ 탑젤
NCJ 베이스젤
NCJ 컬러젤_
C-20 블랙
NCJ 컬러젤_
C-58 핫 핑크
NCJ 컬러젤_
C-04 파스텔 핑크
NCJ 라이너 브러시
NCJ
LED/UV 램프
NCJ 스티커_6
NCJ 컬러젤_G-17 라인 골드 펄
⊕ 젤 팔레트, 핀셋
48W
NCJ nail club i
CCFL-LED
Professional nail

1

프리퍼레이션 후 베이스젤을 전체
적으로 바르고 큐어해주세요.

2

베이스젤을 한 번 더 발라주세요.

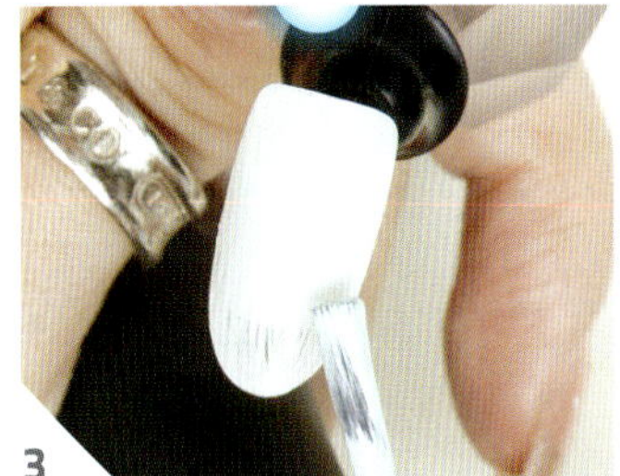

3

C-02 파스텔 그린을 바른 후 큐어
해주세요.

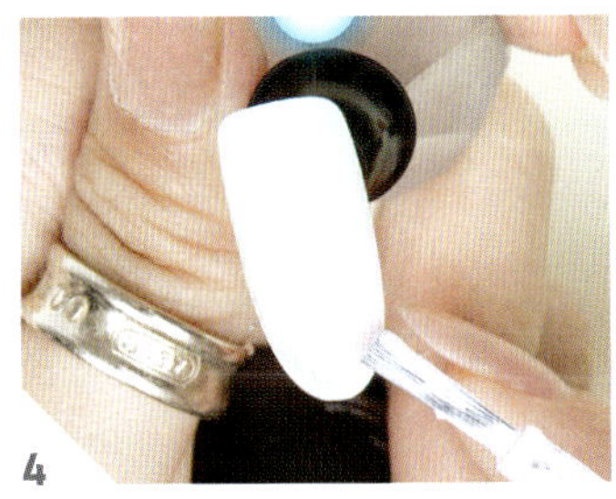

4

C-04 파스텔 핑크를 아랫부분에
둥글게 바르고 큐어해주세요.

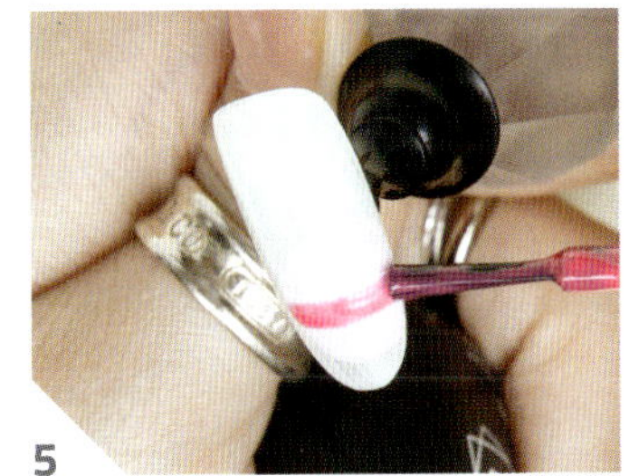

5

C-58 핫 핑크로 C-04 파스텔
핑크의 중앙에 라인을 그려주세요.

6

G-17 라인 골드 펄로 윗부분에
라인을 그리고 큐어해주세요.

7

C-20 블랙을 젤 팔레트에 덜어내
세요.

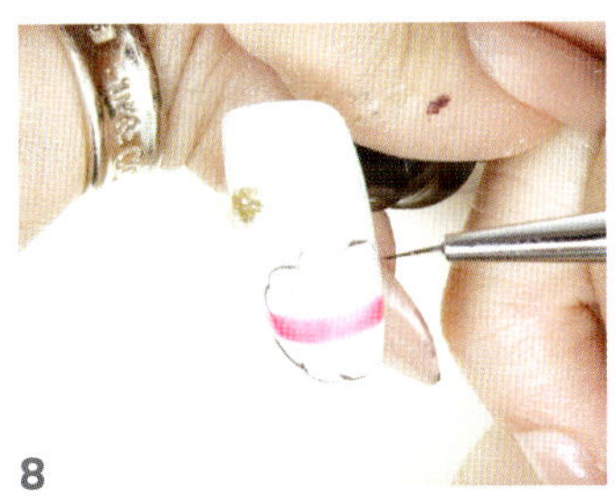

8

라이너 브러시를 이용해 퍼프 형태
를 디자인해주세요.

9

라이너 브러시를 이용해 퍼프의
리본 징식과 마스카라 형태를 디자
인한 후 큐어해주세요.

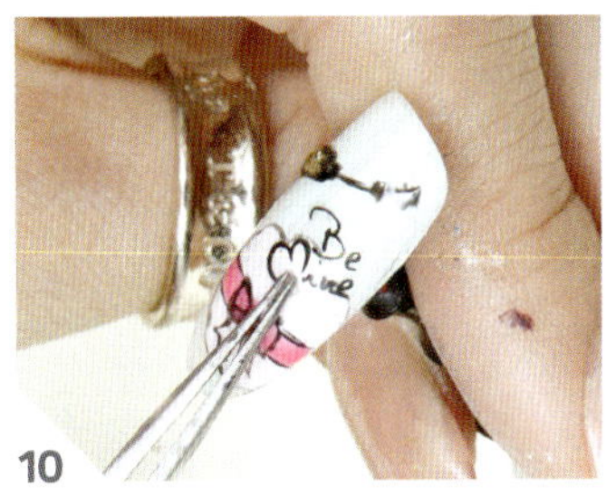

10

6번 스티커를 붙여주세요.

11

탑젤을 바르고 큐어해주세요.

파리바게트 3D 도넛 아트

⊕ 젤 팔레트, 무셔, 마블 스틱, 핀셋, 스펀지

1

프리퍼레이션 후 베이스젤을 전체적으로 바르고 큐어해
주세요.

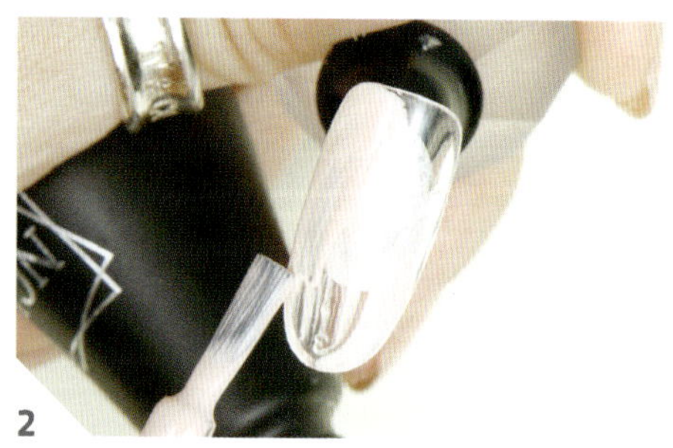

2

C-08 누드를 불규칙적으로 발라주세요.

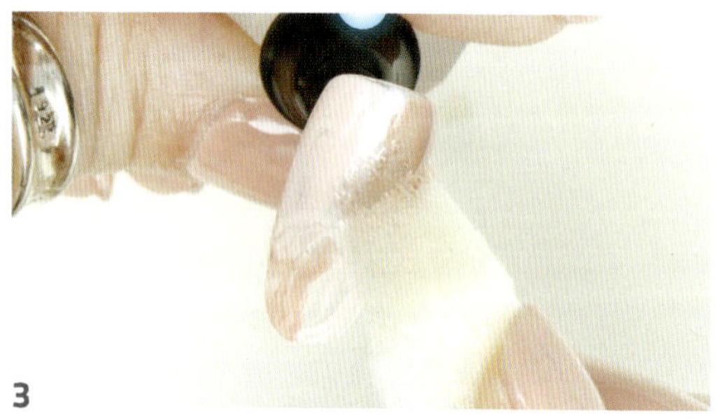

3

C-09 토프를 빈 공간에 바르고 스펀지로 컬러의 경계
를 없앤 후 큐어해주세요.

4

C-27 브라운을 손톱의 양쪽 코너에 바르고 스펀지로
컬러의 경계를 없앤 후 큐어해주세요.

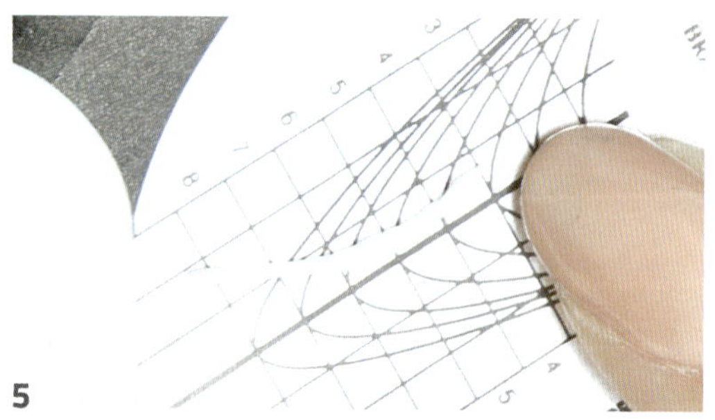

5

볼륨젤 화이트를 젤 팔레트에 길게 말아주세요.

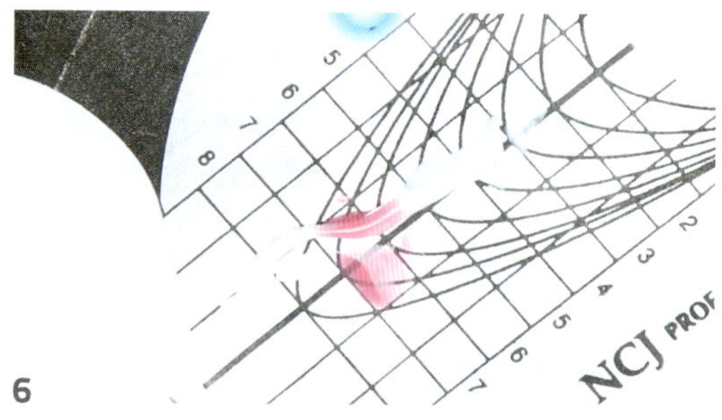

6

C-58 핫 핑크, C-06 파스텔 블루, C-03 파스텔 옐로
를 길게 말아놓은 볼륨젤을 삼등분해서 바르고 큐어해
주세요.

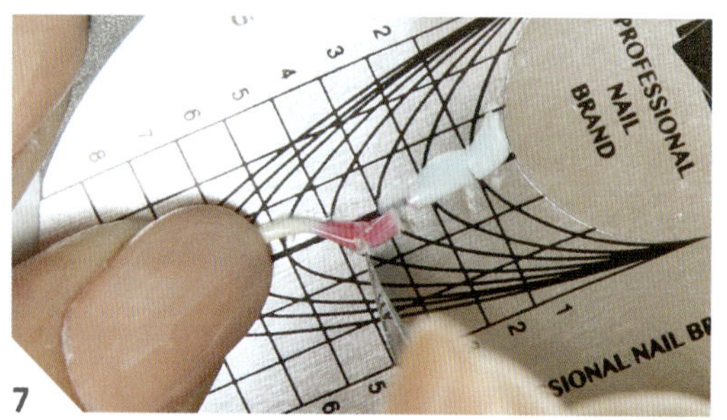

7

푸셔를 이용해 길게 말아놓은 볼륨젤을 젤 팔레트에서
분리하고 잘게 재단해 레인보우 스프링클을 만들어주
세요.

8

엠보 브러시를 이용해 볼륨젤 화이트를 떠서 둥글고
넓적하게 손톱에 올려 단팥빵을 만들어주세요.

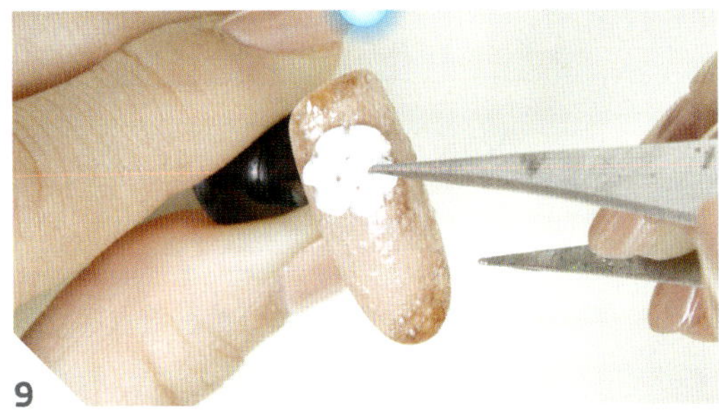

9
핀셋을 이용해 단팥빵의 주변과 가운데를 눌러주고 큐어해주세요.

10
엠보 브러시를 이용해 볼륨젤 화이트를 같은 형태로 아랫부분에 올려 도넛을 만들어주세요.

11
마블 스틱을 이용해 도넛의 중앙에 구멍을 뚫어주고 큐어해주세요.

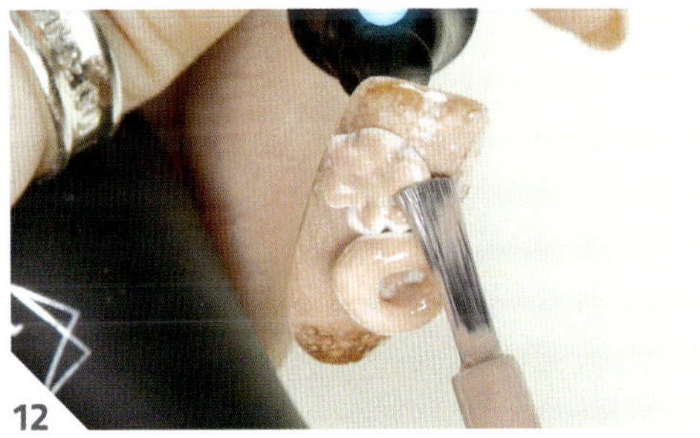

12
C-08 누드를 도넛과 단팥빵에 바르고 큐어해주세요.

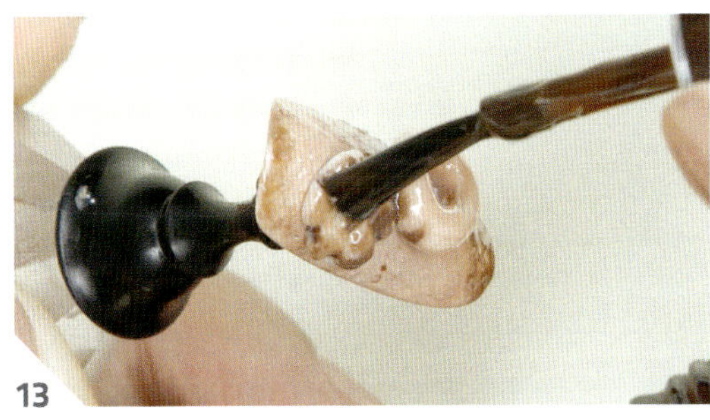

13
C-27 브라운을 단팥빵에 발라주세요.

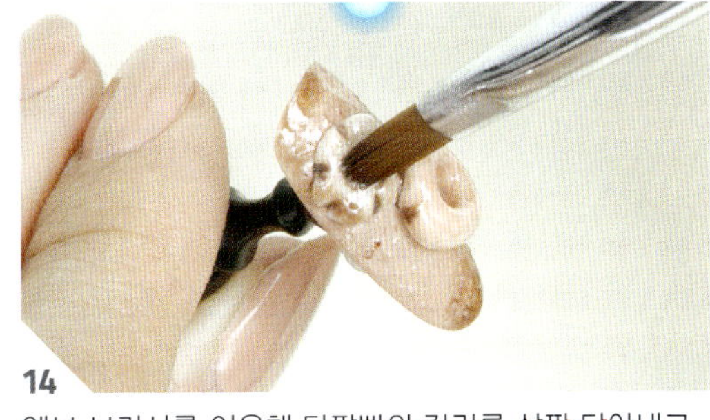

14
엠보 브러시를 이용해 단팥빵의 컬러를 살짝 닦아내고 큐어해주세요.

15
C-04 파스텔 핑크를 도넛 위에 발라주세요.

16
만들어 놓은 레인보우 스프링클을 도넛 위에 장식하고 큐어해주세요.

라인과 면으로 표현하는
새로운 그래픽의 세계

#그래픽

톤온톤 그래픽 아트

NCJ 탑젤
NCJ 베이스젤
NCJ 컬러젤_
C-03 파스텔 옐로
NCJ
LED/UV 램프
NCJ 컬러젤_
C-20 블랙
NCJ 컬러젤_
C-34 레드 빈
NCJ 컬러젤_
C-44 블루 그레이
NCJ nail club i
48W
CCFL-LED
Professional nail
⊕ 젤 팔레트

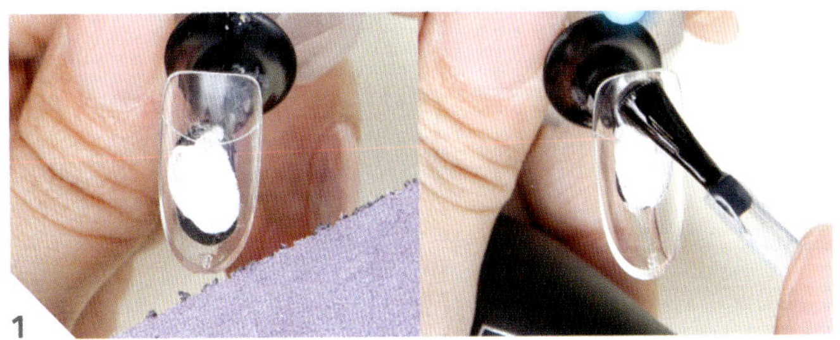

1

프리퍼레이션 후 베이스젤을 전체적으로 바르고 큐어해주세요.

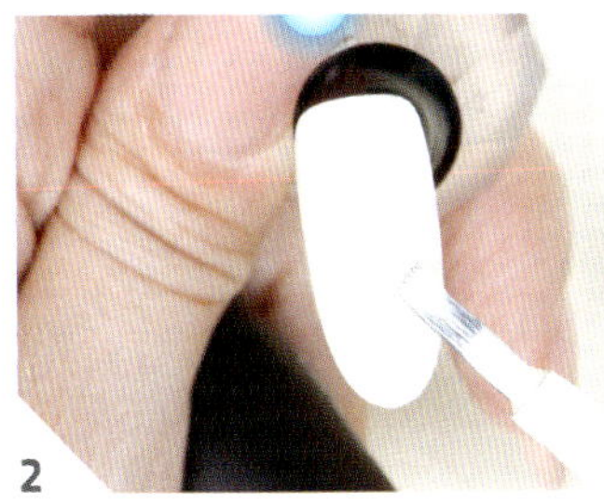

2

C-03 파스텔 옐로를 전체적으로 바른 후 큐어해주세요.

3

C-34 레드 빈으로 곡선을 그린 후 큐어해주세요.

4

C-44 블루 그레이로 곡선을 그린 후 큐어해주세요.

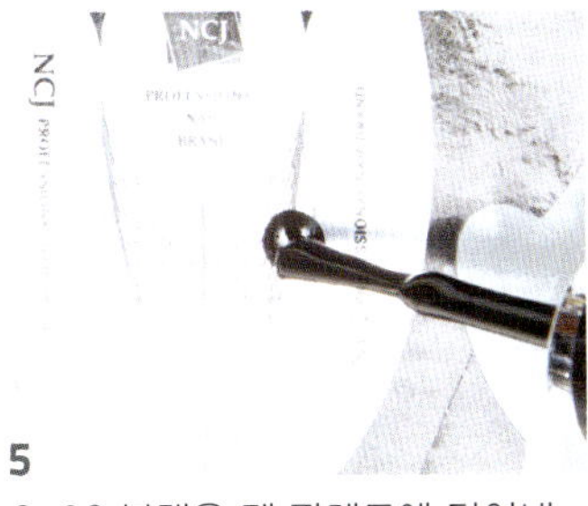

5

C-20 블랙을 젤 팔레트에 덜어내세요.

6

포인트 라인을 디자인한 다음 큐어해주세요.

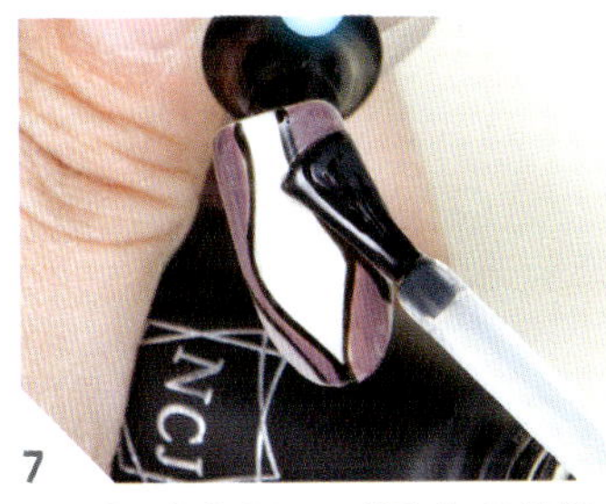

7

탑젤을 전체적으로 바른 후 큐어해주세요.

⊕ 핀셋

Black & Gold Round French Art

블랙&골드 라운드 프렌치 아트

1

프리퍼레이션 후 베이스젤을 전체적으로 바르고 큐어해주세요.

2

P-16 메탈릭 골드로 손톱의 아랫 부분에 둥근 프렌치를 디자인해주 세요.

3

C-20 블랙을 손톱의 윗부분에 둥근 프렌치를 디자인하고 큐어해 주세요.

4

G2-06 골드앤화이트를 메탈릭 골드 부분에 바르고 큐어해주세요.

5

35번 스티커를 둥근 프렌치 사이에 붙여주세요.

6

탑젤을 바르고 큐어해주세요.

NCJ 롱 라이너 브러시
NCJ
LED/UV 램프
NCJ 탑젤
NCJ 베이스젤
NCJ 컬러젤_
C-20 블랙
NCJ 컬러젤_
G2-11 글라스 피스
48W
NCJ nail club
CCFL·LED
Professional nail
⊕ 젤 팔레트, 스펀지

글리터 모자이크 아트

1 프리퍼레이션 후 베이스젤을 전체적으로 바르고 큐어해주세요.

2 G2-11 글라스 피스를 전체적으로 두툼하게 올려주세요.

3 스펀지로 눌러서 표면을 얇게 만들어주고 큐어해주세요.

4 C-20 블랙을 젤 팔레트에 덜어내세요.

5 롱 라이너 브러시로 테두리를 그려주세요.

6 테두리 안쪽에 포인트 라인을 그리고 큐어해주세요.

7 탑젤을 바르고 큐어해주세요.

멀티 컬러 그래픽 아트

NCJ 탑젤

NCJ 베이스젤

NCJ 컬러젤_
C-01 화이트

NCJ
롱 라이너 브러시

NCJ
LED/UV 램프

NCJ 컬러젤_
C-16 크롬 옐로

NCJ 컬러젤_
C-20 블랙

NCJ 컬러젤_
C-30 블루 그린

NCJ 스티커_14

NCJ 컬러젤_C-50 네온 핑크

⊕ 젤 팔레트, 핀셋

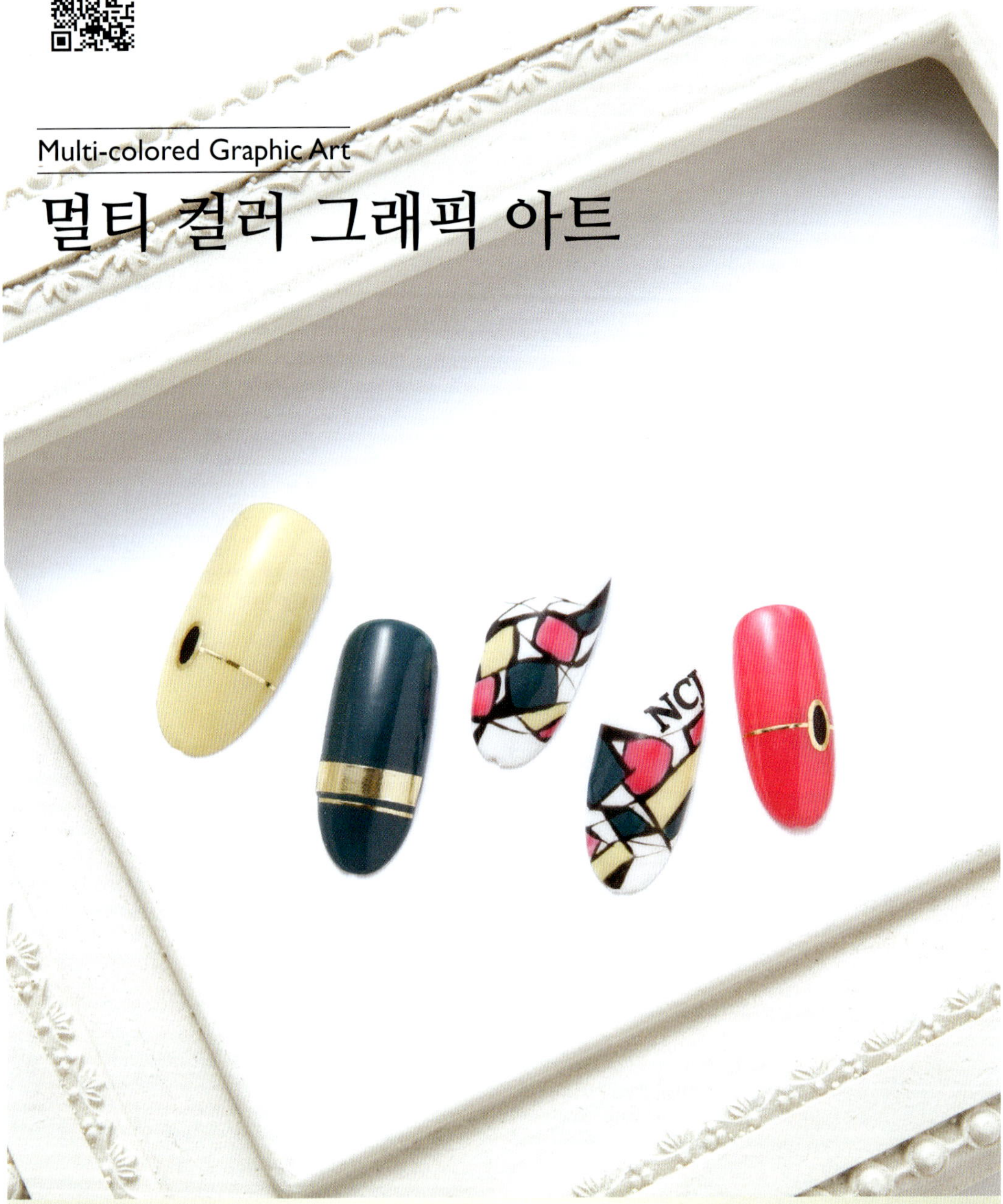

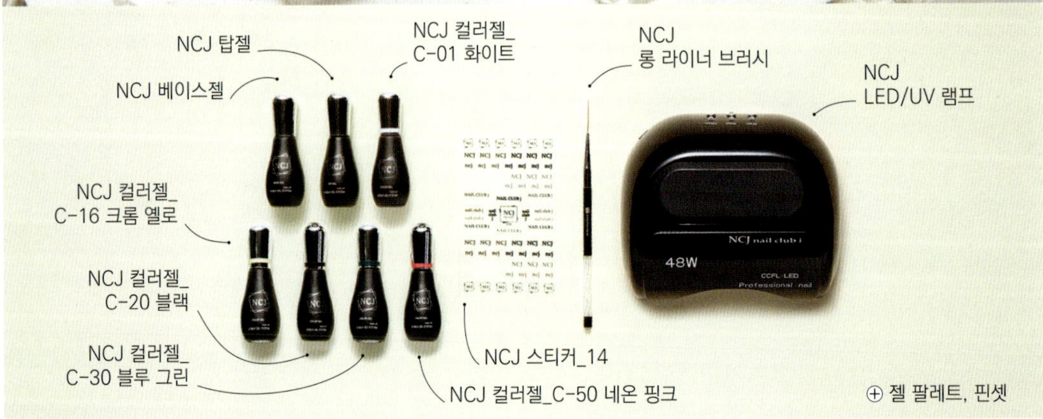

1

프리퍼레이션 후 베이스젤을 전체
적으로 바르고 큐어해주세요.

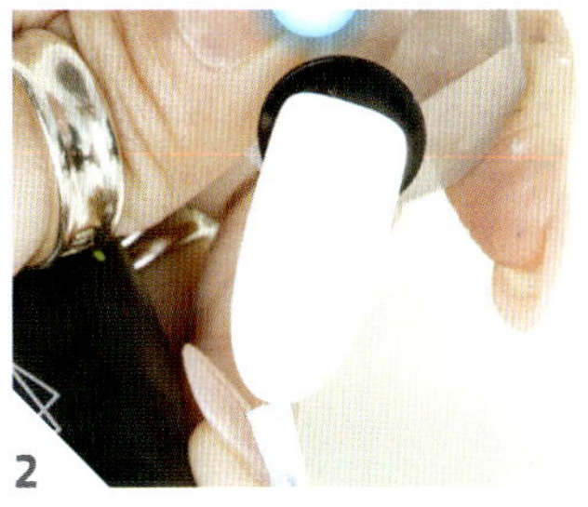

2

C-01 화이트를 전체적으로 바르고
큐어해주세요.

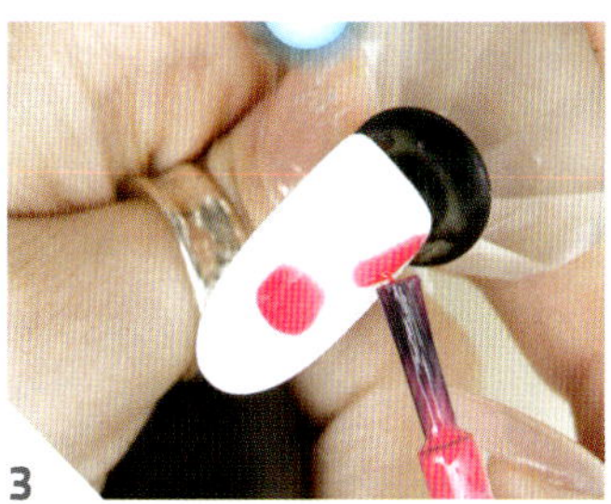

3

C-50 네온 핑크를 부분적으로
바르고 큐어해주세요.

4

C-16 크롬 옐로를 부분적으로
바르고 큐어해주세요.

5

C-30 블루 그린을 부분적으로
바르고 큐어해주세요.

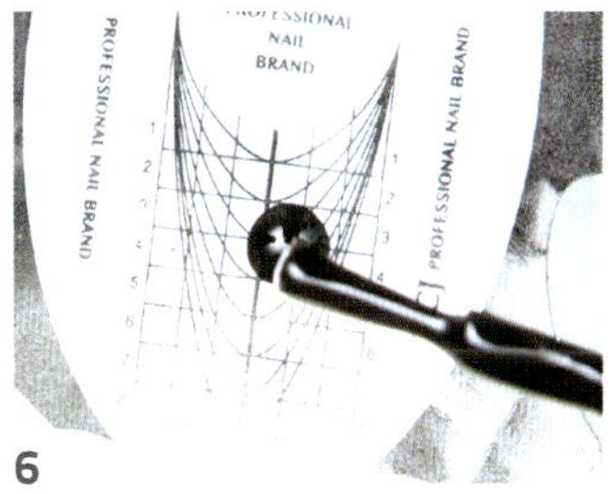

6

C-20 블랙을 젤 팔레트에 덜어내
세요.

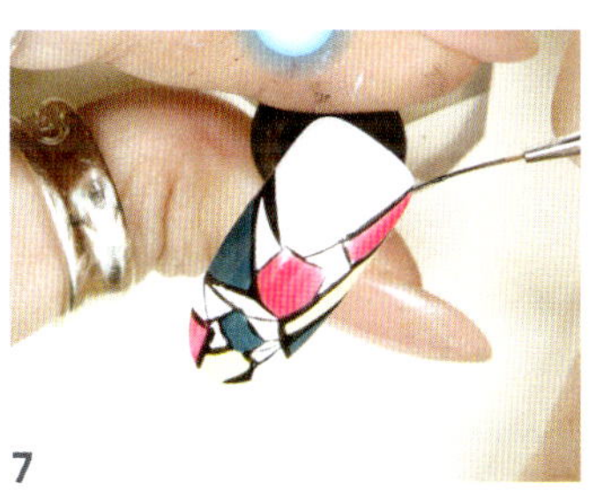

7

롱 라이너 브러시를 이용해 C-20
블랙으로 포인트 라인을 그리고
큐어해주세요.

8

14번 스티커를 붙여주세요.

9

탑젤을 바르고 큐어해주세요.

멀티 도트 워터 드롭 아트

NCJ 탑젤
NCJ 코팅젤
NCJ 롱 라이너 브러시
NCJ 베이스젤
NCJ
LED/UV 램프
NCJ 컬러젤_
C-01 화이트
NCJ 컬러젤_
C-13 올리브 그린
NCJ 스티커_29
NCJ 스티커_30
48W
⊕ 핀셋

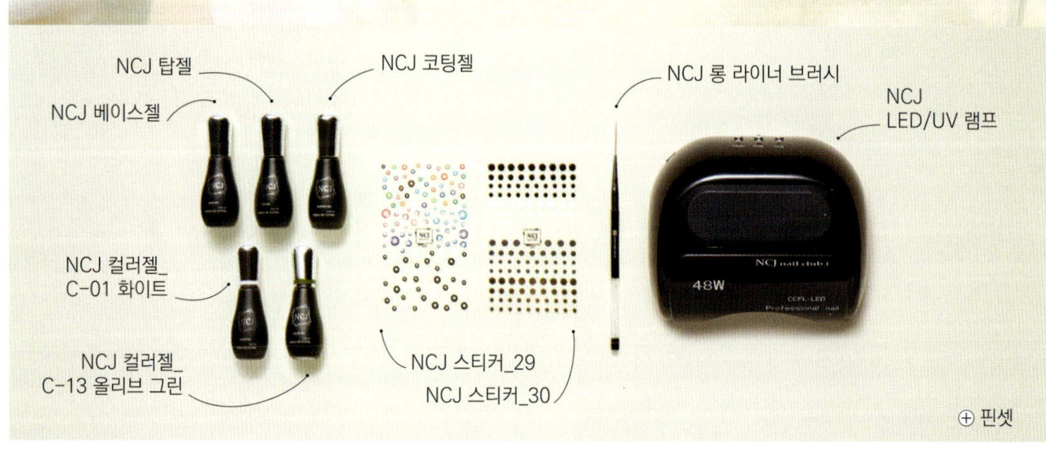

디자인
A

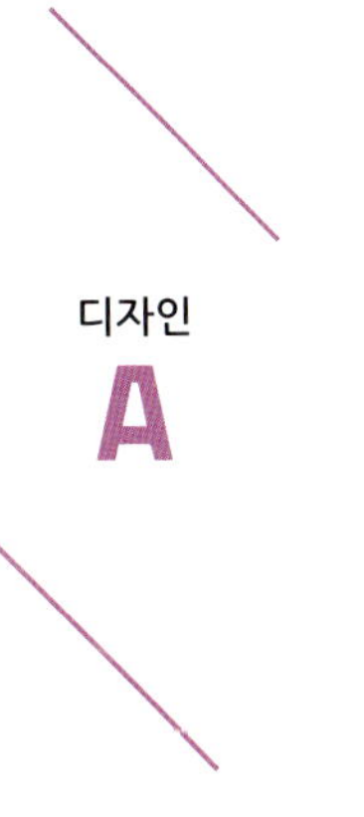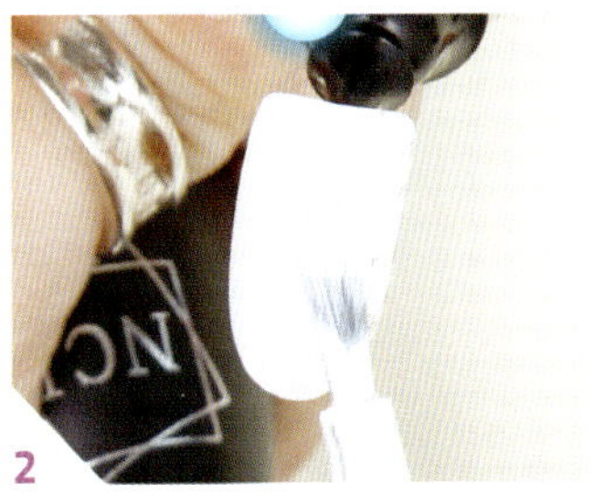

1 프리퍼레이션 후 베이스젤을 전체적으로 바르고 큐어해주세요.

2 C-01 화이트를 전체적으로 바르고 큐어해주세요.

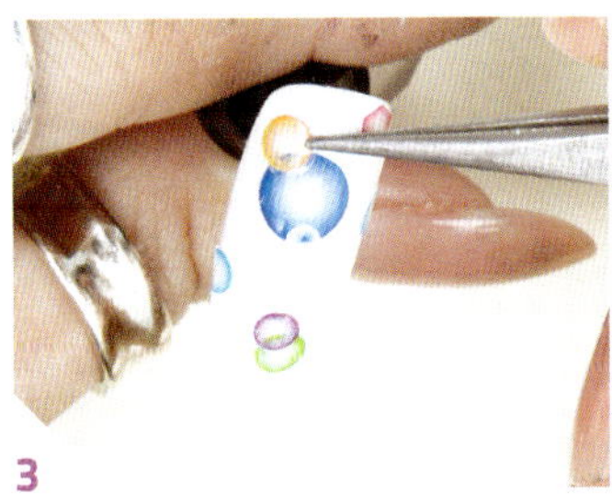

3 29번 스티커를 붙여주세요.

4 탑젤을 바르고 큐어해주세요.

디자인
B

1 프리퍼레이션 후 베이스젤을 전체적으로 바르고 큐어해주세요.

2 C-13 올리브 그린을 전체적으로 바르고 큐어해주세요.

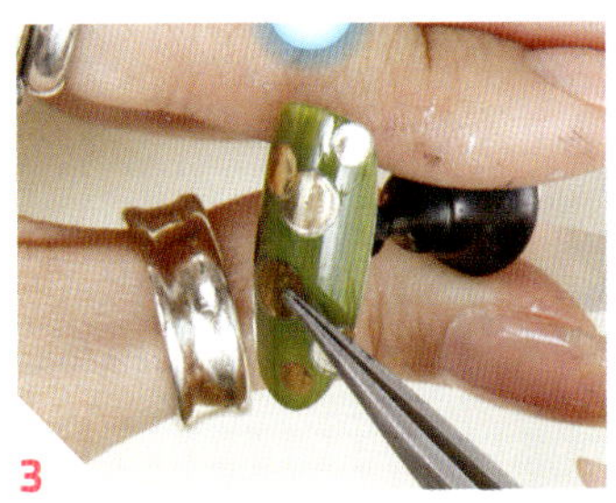

3 30번 스티커를 붙이고 탑젤을 바른 후 큐어해주세요.

4 코팅젤을 물방울 모양으로 올리고 큐어해주세요.

5 코팅젤을 올린 윗부분에만 탑젤을 바르고 큐어해주세요.

Pink Glittered Chain Art

핑크 글리터 체인 아트

1

프리퍼레이션 후 베이스젤을 전체
적으로 바르고 큐어해주세요.

2

G2-30 핑크 비즈를 아랫부분에만
바르고 큐어해주세요.

3

코팅젤을 위에 올리고 큐어해주
세요.

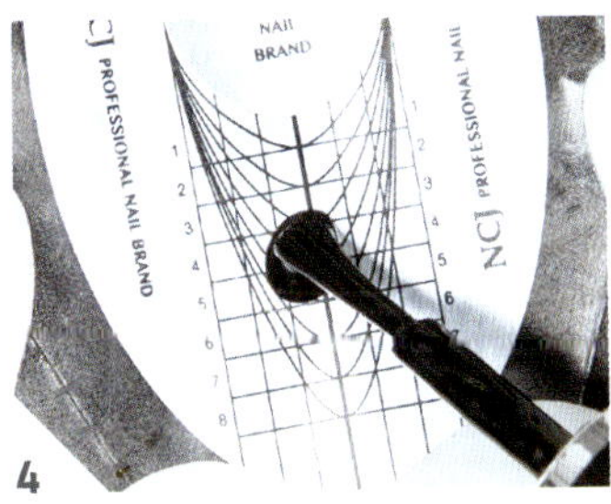

4

C-20 블랙을 젤 팔레트에 덜어내
세요.

5

코팅젤에 있는 미경화젤을 닦아내
세요.

6

롱 라이너 브러시를 이용해 C-20
블랙으로 라인을 그리고 큐어해주
세요.

7

탑젤을 바르고 큐어해주세요.

8

글루를 발라주세요.

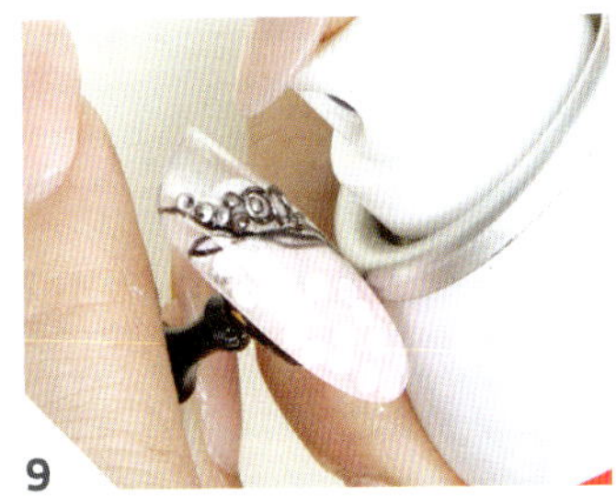

9

체인 파츠를 장식하고 글루 드라이
를 뿌려주세요.

에스닉 폴카 도트 아트

NCJ 탑젤
NCJ 베이스젤
NCJ 컬러젤_
C-01 화이트
NCJ
롱 라이너 브러시
NCJ
LED/UV 램프
NCJ 컬러젤_
C-28 다크 브라운
NCJ 컬러젤_
C-56 민트 그린
NCJ 컬러젤_
C-60 옐로
NCJ 컬러젤_P-16 메탈릭 골드
⊕ 젤 팔레트, 마블 스틱
48W

1

프리퍼레이션 후 베이스젤을 전체적으로 바르고 큐어해주세요.

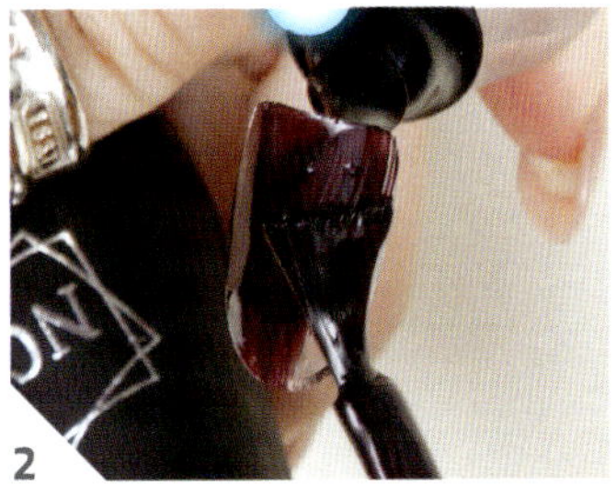

2

C-28 다크 브라운을 전체적으로 바르고 큐어해주세요.

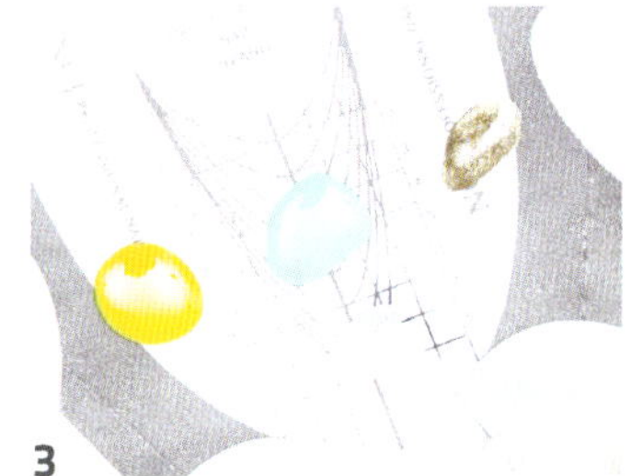

3

C-60 옐로, C-56 민트 그린, P-16 메탈릭 골드, C-01 화이트를 젤 팔레트에 덜어내세요.

4

롱 라이너 브러시를 이용해 P-16 메탈릭 골드로 라인을 그려주세요.

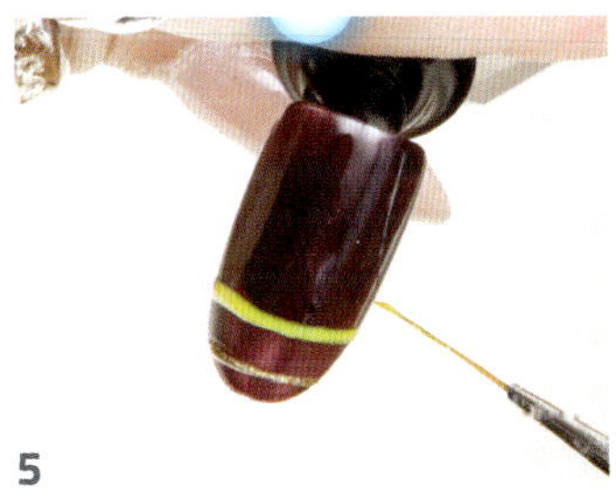

5

롱 라이너 브러시를 이용해 C-60 옐로로 라인을 그리고 큐어해주세요.

6

마블 스틱을 이용해 C-60 옐로, C-01 화이트, C-56 민트 그린, P-16 메탈릭 골드를 번갈아가면서 일자 형태로 찍어주고 큐어해주세요.

7

탑젤을 바르고 큐어해주세요.

블랙&화이트 글리터 딥 프렌치 아트

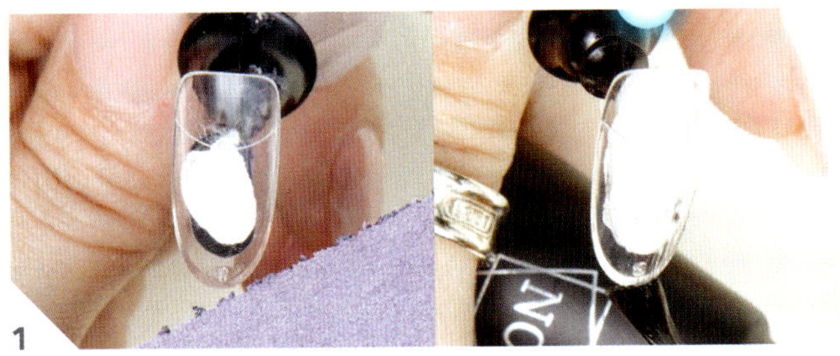

1

프리퍼레이션 후 베이스젤을 전체적으로 바르고 큐어해주세요.

2

C-20 블랙으로 프렌치를 디자인하고 큐어해주세요.

3

G2-14 블랙앤화이트를 그 위에 바르고 큐어해주세요.

4

볼륨젤 화이트를 푸셔로 떠주세요.

5

손으로 둥글게 뭉쳐서 손톱 위에 올려주세요.

6

마블 스틱을 이용해 볼륨젤의 중앙을 눌러주고 큐어해주세요.

7

C-01 화이트를 그 위에 바르고 큐어해주세요.

8

탑젤을 전체적으로 발라주세요.

9

스터드를 장식하고 큐어해주세요.

스필드 글리터 그래픽 아트

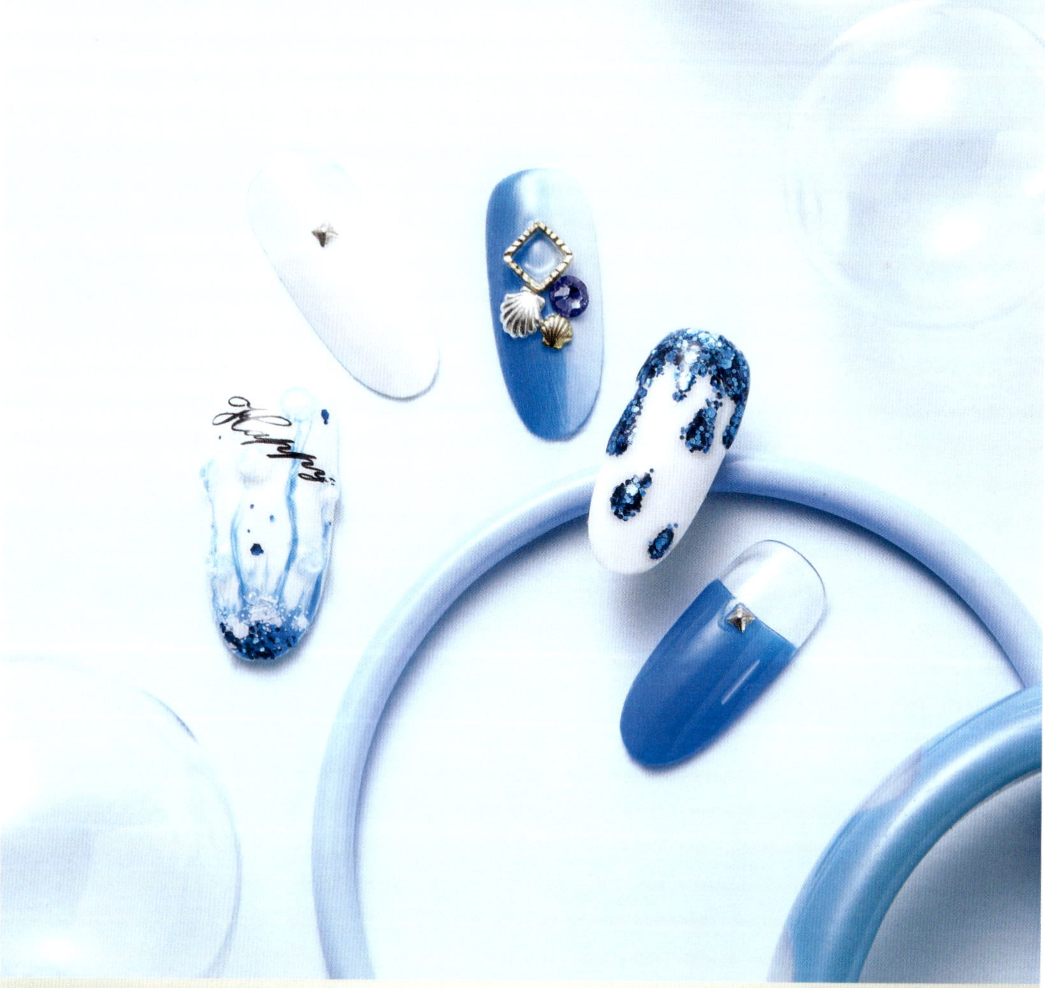

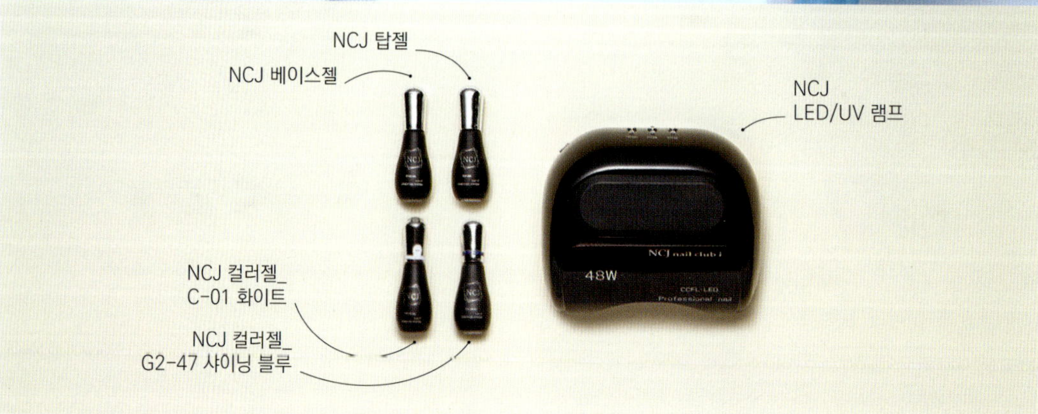

NCJ 탑젤

NCJ 베이스젤

NCJ
LED/UV 램프

NCJ 컬러젤_
C-01 화이트

NCJ 컬러젤_
G2-47 샤이닝 블루

48W

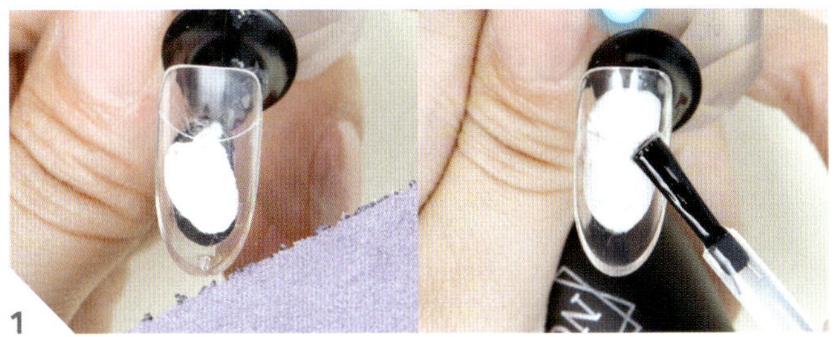

1

프리퍼레이션 후 베이스젤을 전체적으로 바르고 큐어해주세요.

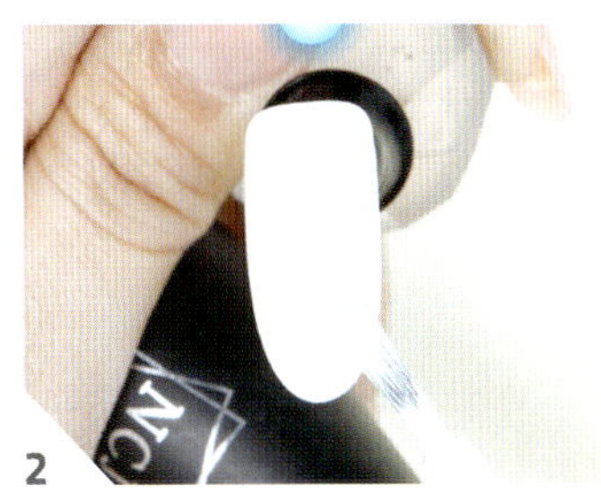

2

C-01 화이트를 전체적으로 바른
후 큐어해주세요.

3

G2-47 샤이닝 블루를 위에서 아래
로 내려오는 물방울 무늬로 입체감
있게 올려준 후 큐어해주세요.

4

탑젤을 전체적으로 바른 후 큐어해
주세요.

에메랄드 스톤 아트

NCJ 탑젤
NCJ 코팅젤
NCJ 컬러젤_C-20 블랙
NCJ 롱 라운드 브러시
NCJ
LED/UV 램프
NCJ 베이스젤
NCJ 컬러젤_
C-22 다크 그린
NCJ 컬러젤_
G-04 샤이닝 골드
NCJ 컬러젤_G2-46 샤이닝 그린
NCJ 컬러젤_P-16 메탈릭 골드
⊕ 젤 팔레트,
글루, 진주 참,
스톤, 글루 드라이
NCJ nail club i
48W
CCFL-LED
Professional nail

1

프리퍼레이션 후 베이스젤을 전체적으로 바르고 큐어해주세요.

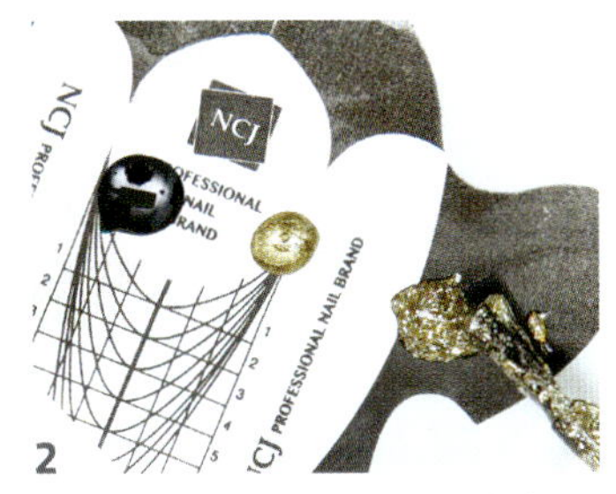

2

C-22 다크 그린, P-16 메탈릭 골드, G-04 샤이닝 골드를 젤 팔레트에 덜어내세요.

3

코팅젤을 손톱의 중앙에 도톰하게 올려주세요.

4

코팅젤 위에 C-22 다크 그린과 G2-46 샤이닝 그린을 올려주세요.

5

롱 라이너 브러시를 이용해 컬러를 살짝 섞어주세요.

6

C-20 블랙을 소량 올리고 컬러를 섞은 후 큐어해주세요.

7

롱 라이너 브러시를 이용해 P-16 메탈릭 골드로 코팅젤 주변의 테두리를 그리고 큐어해주세요.

8

롱 라이너 브러시를 이용해 G-04 샤이닝 골드로 라인을 그리고 큐어해주세요.

9

탑젤을 바르고 큐어해주세요.

10

글루를 바르고 스톤, 참 등을 장식한 후 글루 드라이를 뿌려주세요.

Striping Tape & Stone Stone Art

스트라이핑 테이프 스톤 아트

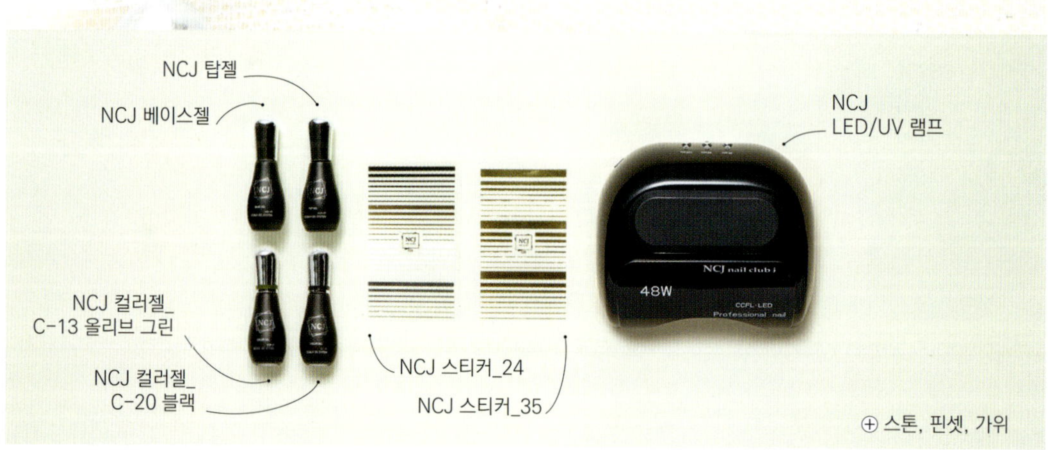

디자인
A

1
프리퍼레이션 후 베이스젤을 전체
적으로 바르고 큐어해주세요.

2
24번 스티커 중 골드 라인을 교차
시켜 붙여주세요.

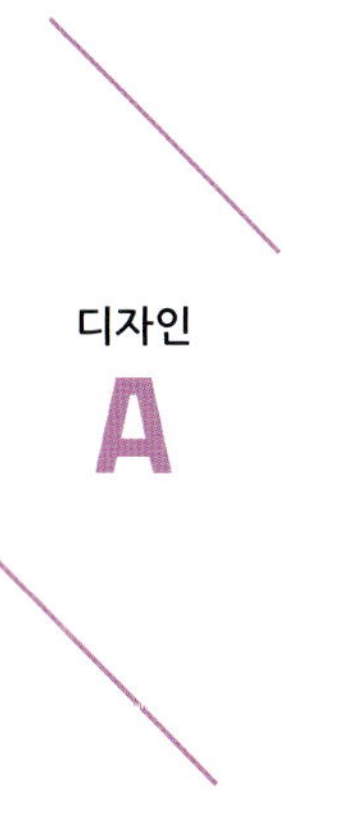

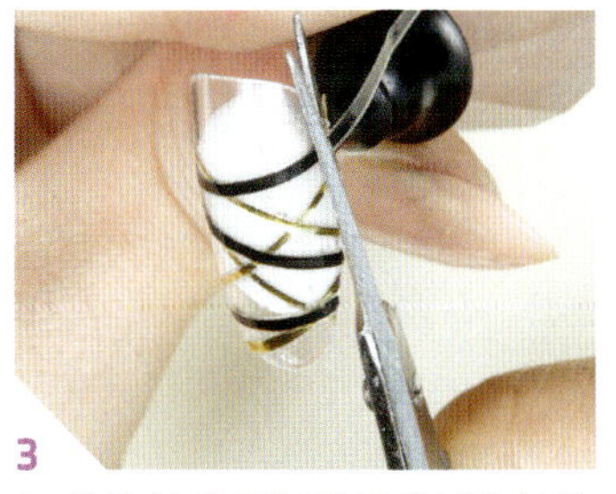

3
그 위에 블랙 라인을 교차시켜 붙여
주세요.

4
탑젤을 발라주세요.

5
스톤을 장식하고 큐어해주세요.

디자인
B

1
프리퍼레이션 후 베이스젤을 전체
적으로 바르고 큐어해주세요.

2
C-20 블랙으로 사선 프렌치를
디자인하고 큐어해주세요.

3
C-13 올리브 그린을 윗부분에
삿갓 모양으로 발라 삼각형을 만들
고 35번 스티커로 삼각형 주변을
둘러주세요.

4
탑젤을 발라주세요.

5
스톤을 장식하고 큐어해주세요.

스파클링 젬스톤 젤 볼 아트

1 프리퍼레이션 후 베이스젤을 전체
적으로 바르고 큐어해주세요.

2 C-26 레드를 전체적으로 바르고
큐어해주세요.

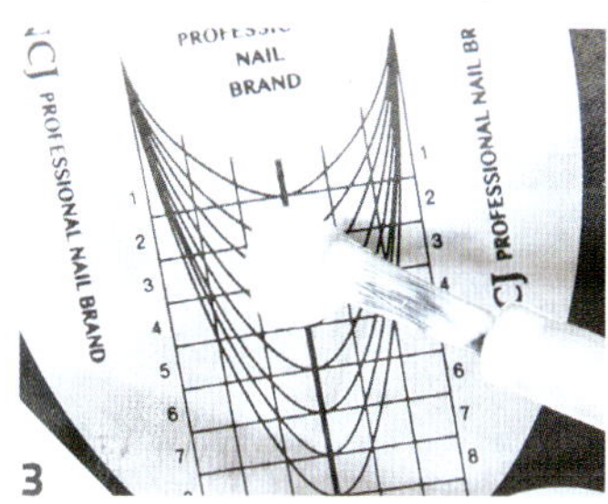

3 C-01 화이트를 젤 팔레트에 덜어
내세요.

4 롱 라이너 브러시를 이용해 라인을
그려주세요.

5 G-17 라인 골드 펄을 둥글게 올리
고 고정 큐어해주세요.

6 G2-45 샤이닝 레드를 둥글게 올리
고 고정 큐어해주세요.

7 G2-08 그린앤화이트를 둥글게
올리고 고정 큐어해주세요.

8 탑젤을 바르고 큐어해주세요.

9 글루를 바르고 파츠를 장식한 후
글루 드라이를 뿌려주세요.

BOOK in BOOK

T.P.O에 따른
네일아트 디자인 가이드

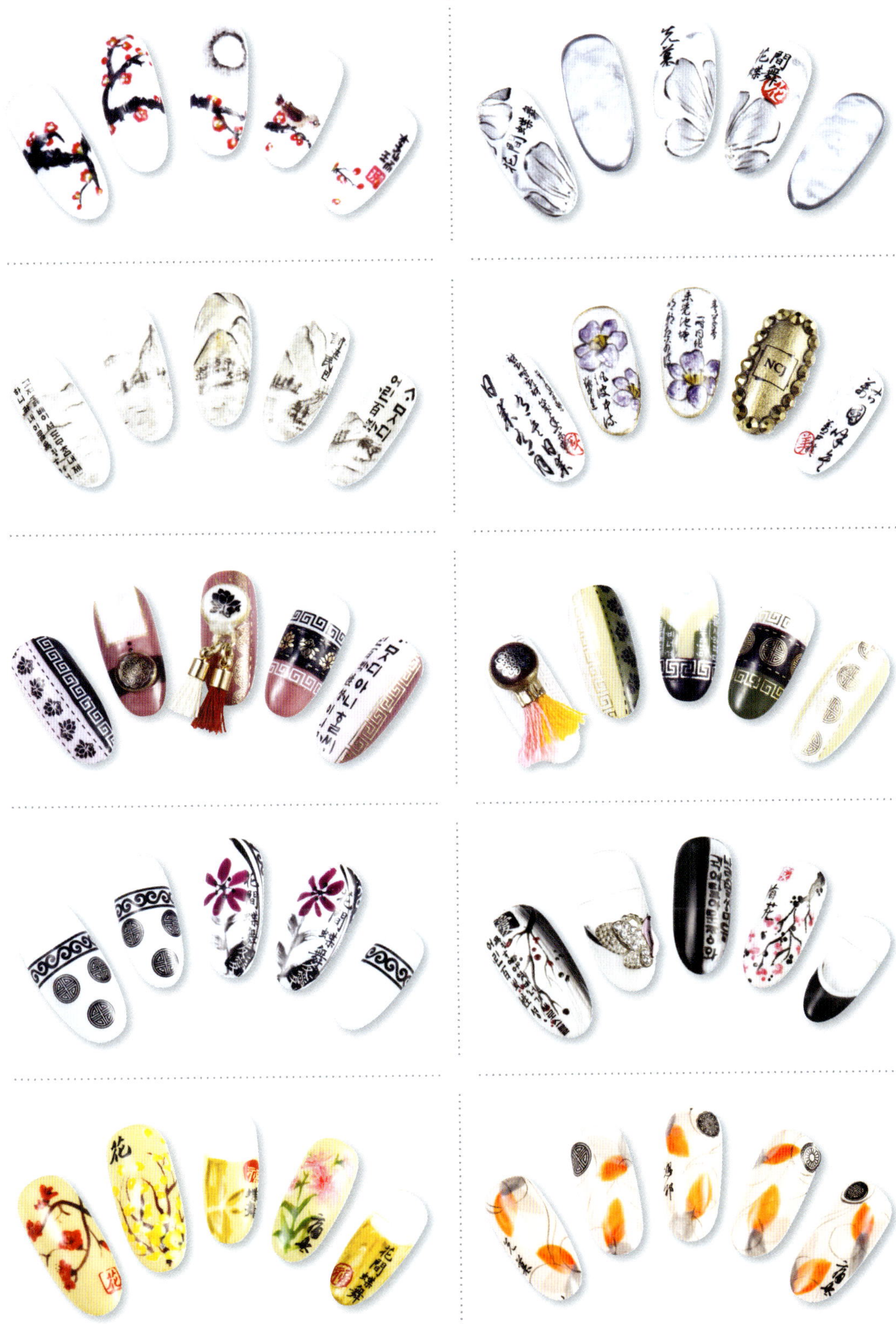

공식
홈페이지
www.ncj.co.kr

blog.naver.com/**lsjnail**

www.youtube.com/channel
/UC4uErWk =RLEVOEQPgsno1uDg

story.kakao.com/**ch/ncjnail**

www.afreecatv.com/**ncjnail**

story.kakao.com/**lsj4141**

www.facebook.com/**ncj.kr**

band.us/**@ncj**

www.facebook.com/**sujin0720**

band.us/**@nailclubj**

www.instagram.com/**ncjnail**

WeChat

YouCam Nails